SONNENFINSTERNIS

J. P. McEvoy

SONNENFINSTERNIS

Die Geschichte eines Aufsehen erregenden Phänomens

Aus dem Englischen von H. Jochen Bußmann

Berlin Verlag

Die Originalausgabe erschien 1999 unter dem Titel
Eclipse. The Science and History of Nature's Most Spectacular Phenomenon
bei Fourth Estate, London

Umschlaggestaltung:
Nina Rothfos und Patrick Gabler, Hamburg
Gesetzt aus der Palatino und DeepdeneBQ
durch psb, Berlin
Druck & Bindung: Friedrich Pustet, Regensburg
Printed in Germany 2001
ISBN 3-8270-0372-5

Gedruckt auf chlor- und säurefreiem Papier

Für Emily, Muirenn, Joel
und das Baby, das mit der Sonnenfinsternis
im August 1999 zur Welt kam

INHALT

ANHANG

PROLOG

Finsternis zur Mittagsstunde:

Baja Mexico am 11. Juli 1991

Südlich der zwischen San Diego und Tijuana verlaufenden Grenze Kaliforniens beginnt eine über 1300 Kilometer lange Halbinsel mit Gebirgen, Wüsten und Ebenen, an deren Ende einer der schönsten Strände der Welt liegt. Kilometerweit gleitet dort der feine goldene Sand in die azurblaue Cortés-See und in den Pazifischen Ozean hinein. Die Halbinsel heißt zwar Baja California, gehört jedoch zu Mexiko. Dort kam ich in der Gluthitze des Sommers 1991 an, um am 11. Juli zum ersten Mal in meinem Leben eine totale Sonnenfinsternis zu beobachten.

Es ist ein heller und klarer Vormittag. Zwischen den Palmen und Kakteen werden den ganzen Strand entlang Stative aufgebaut, ein Heer von Strohhüten und Bermudashorts, so weit das Auge reicht. Alle sind in bester Stimmung. Keine Wolke trübt den Himmel, aber noch heißt es ein paar Stunden warten. Hier, bei Los Cabos, wird die Totalität heute von ungewöhnlich langer Dauer sein, 6 Minuten und 26 Sekunden – das entspricht fast dem theoretischen Maximum einer Sonnenfinsternis. Wenn der Mondschatten Baja erreicht, wird er 260 Kilometer breit sein und mit einer Geschwindigkeit von etwa 40 Kilometern in der Minute über den Strand hinwegstreichen. Als die Glocke der kleinen Kirche 10 Uhr schlägt, werden Fernrohre und Kameras einer letzten Prüfung unterzogen. Das lange Warten ist vorbei. Noch 23 Minuten.

Der erste Kontakt erfolgt um 10:23:17 Uhr, als die Mondscheibe erstmals die der Sonne berührt. Der Himmel ist weiterhin wolkenlos, und keiner macht sich Sorgen um das Wetter. Das Schauspiel hat begonnen.

In früheren Zeiten hielt die Menschheit den Atem an, wenn die Sonne auf diese Weise verschwand, und man brachte Opfer dar, um die bösen Geister zu besänftigen, die sonst womöglich die Quelle von Wärme und des Lebens selbst zerstörten. Ganz allmählich schiebt sich der Mond immer weiter über das Bild der Sonne, und nun wird deutlich, dass die beiden Scheiben denselben Durchmesser haben – ein bemerkenswertes Zusammentreffen. Unmerklich verblasst das Licht.

Zwei japanische Mädchen beobachten die fortschreitende Verfinsterung durch spezielle Sonnenbrillen, während ihre Mutter ihnen ängstlich zusieht. Inzwischen rast der Mondschatten mit der doppelten Geschwindigkeit einer Concorde über den Globus auf uns am Strand von Los Cabos zu. Ein Wettersatellit macht von seiner Umlaufbahn über der Erde aus jede halbe Stunde Aufnahmen davon.

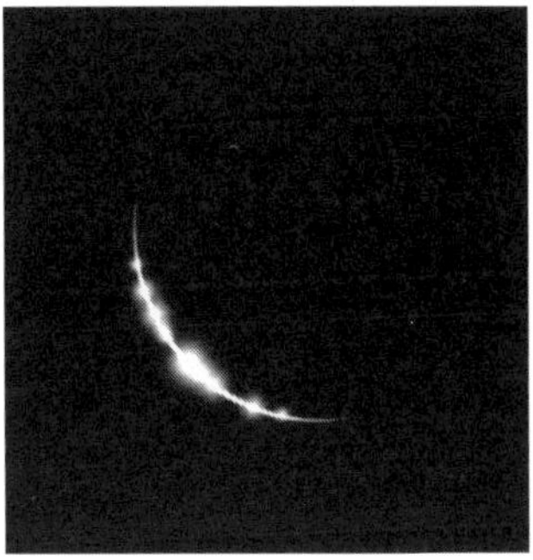

Die Bailyschen Perlen

Kurz vor dem zweiten Kontakt ist die Sonne nur mehr eine feine Sichel, die schließlich in eine Kette aus gleißend hellen Lichtperlen auseinander bricht. Zu diesem so genannten Perlschnureffekt kommt es, wenn die letzten Strahlen des Sonnenlichts zwischen den am Mondrand aufragenden Bergen hindurchströmen. Die Perlen verschwinden eine nach der anderen, bis nur noch eine einzige übrig ist, die am Rand der Verfinsterung wie ein Diamantring aufglänzt.

Meine Armbanduhr zeigt 11:47:40 Uhr, als das Wunder geschieht: der zweite Kontakt. Der Diamantring verschwindet, und rund um die verfinsterte Sonne taucht schlagartig ein feiner perlweißer Lichthof auf, die Korona. Von jetzt an habe ich noch 6 Minuten und 26 Sekunden Zeit. Ich suche den Himmel ab und stoße auf vier Planeten am Mittagshimmel, die östlich der verfinsterten Sonne aufgereiht sind. Merkur und Jupiter stehen ihr am nächsten, dann Mars und Venus. Ganz nah bei der Sonne erkennt man hell und deutlich die

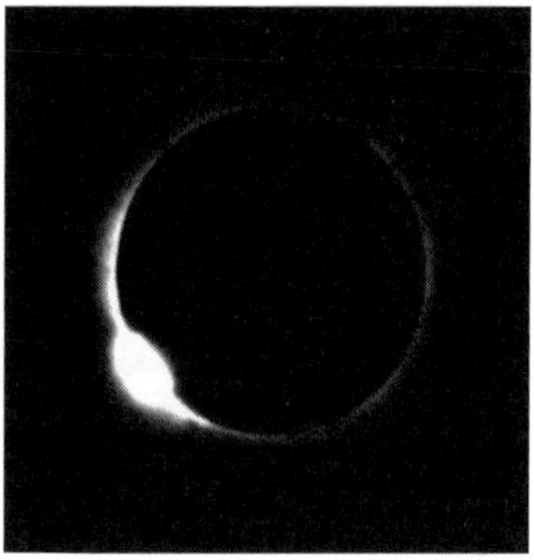

Der Diamantring

Zwillingssterne Castor und Pollux am verdunkelten Himmel. Der Sirius müsste genau südlich der Sonne stehen. Durch mein Teleskop sehe ich riesige rosafarbene Gasgebilde in der Sonnenatmosphäre, die Protuberanzen.

Ich werfe einen Blick auf meine Mitbeobachter am Strand. Das Ganze wirkt wie eine Szene aus dem Spielberg-Film *Unheimliche Begegnung der Dritten Art*. Hunderte Menschen stehen wie gebannt da und starren bewegungslos in den Himmel. Jetzt braucht man keine geschwärzten Gläser oder speziellen Schutzbrillen. Kein Laut ist zu hören – selbst die Vögel haben aufgehört zu zwitschern. In der Ferne scheint es, als herrsche überall am Horizont Sonnenuntergang. Es ist die beleuchtete Erde jenseits des Baldachins aus Dunkelheit unter dem Mondschatten.

Als sich der dritte Kontakt nähert, blicke ich auf meine Stoppuhr. Dann, um 11:54:06 Uhr, verschwindet die Korona.

Die Korona

Ihr folgt nun zuerst der Diamantringeffekt, dann die Perlschnur. Ein begeistertes Raunen geht durch die Menschenmenge. Jetzt ist wieder eine schmale Sichel des Sonnenlichts zu sehen, und die Leute nehmen wieder ihre Schutzbrillen, um sich vor der unsichtbaren ultravioletten Strahlung zu schützen. Die Finsternis am Mittag ist vorbei. Um 13:18:46 Uhr, eine Stunde, 24 Minuten und vierzig Sekunden später, kommt es zum vierten Kontakt. Der Mond löst sich von der Sonne, deren Scheibe nun wieder vollständig ist. Alle wirken zufrieden. Die Eklipsenjäger aus aller Welt haben ihren großen Tag im Schatten des Mondes gehabt. Die Anreise, die Mühsal, die Kosten haben sich gelohnt, denn man ist Zeuge einer der längsten Sonnenfinsternisse des 20. Jahrhunderts gewesen.

WIE KOMMT ES ZU EINER SONNENFINSTERNIS?

Eine Sonnenfinsternis ... ist ein Geschenk des Schöpfers.

Johannes Kepler, 1605

Die Bewegung von Himmelskörpern in ihrer Systematik zu begreifen war eines der frühesten Probleme, die sich der Menschheit stellten. Die Entwicklung abstrakter Modelle, mit deren Hilfe man diese Bewegung nachvollzieht, ist ein herausragendes Kapitel der Wissenschaftsgeschichte.

Auch wer nur höchst selten zum Himmel schaut, weiß, dass Sonne und Mond ständig ihre Position verändern, und gewiss würde niemand bestreiten, dass die Bewegung der Sonne gleichmäßig zu sein scheint. Andere Beobachtungen hingegen werfen Fragen auf. Viele Leute sind überrascht, wenn sie den Mond am Tageshimmel erblicken. Weshalb stehen helle Wandel»sterne«, die Planeten, häufig in der Nähe des Mondes oder der untergehenden Sonne? Warum verändert der Polarstern, auf den die Sterne des Großen Bären verweisen, niemals seine Position? Was haben die Konstellationen entlang der Sonnenbahn zu bedeuten?

Wie soll man sich mit alldem zurechtfinden? Am besten dadurch, dass man ein Modell des Himmels benutzt, die so genannte Himmelskugel. Dabei handelt es sich um eine imaginäre Oberfläche, auf der sich die Bewegungen von Sonne, Mond, Sternen und Planeten so abbilden lassen, wie sie von der Erde aus zu sehen sind.

SCHEINBARE BEWEGUNG DER SONNE UND DES MONDES: DIE HIMMELSKUGEL

Man stelle sich die Zeichnung einer Kugel vor, die das gesamte Universum enthält und die Erde zum Zentrum hat, etwa wie in Abbildung 1.1. Die äußere Schale ist eine als unendlich groß gedachte Kugel, auf die man die Positionen der Sterne und aller anderen Himmelskörper projiziert. Von unserem Standort auf der Erde aus können wir jeweils immer nur die Hälfte dieses Himmelsgewölbes sehen. Als Modell funktioniert die Himmelskugel deshalb, weil uns allein die Bewegungsrichtungen von Himmelskörpern interessieren, nicht aber ihre Entfernung von der Erde. Der Himmelsäquator ist eine Projektion des Erdäquators auf diese Kugel. Direkt über dem geographischen Nordpol der Erde befindet sich der Nordstern Polaris und markiert den nördlichen Himmelspol. Da die Achse der Erdrotation durch ihn hindurchgeht, hat es den Anschein, als würde er seine Position halten, während sich die anderen Sterne um ihn drehen. (Tatsächlich weicht seine Position fast ein Grad vom wirklichen Himmelsnordpol ab, aber das ist immer noch so nahe, dass er mehr oder weniger unbeweglich erscheint.) Statt sich die Erde in einer Richtung drehend zu denken, stellt man sich

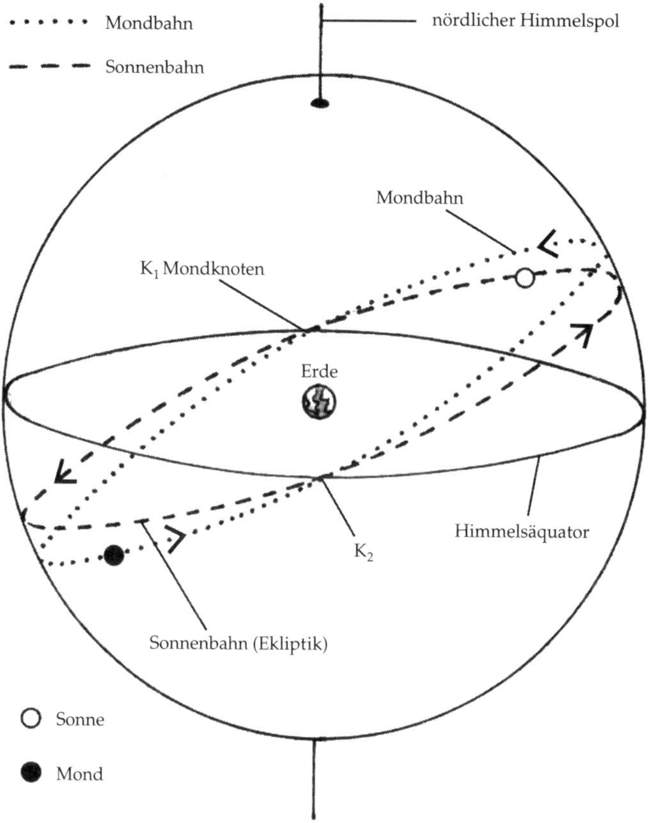

Abb. 1.1 Die Himmelskugel mit den Umlaufbahnen von Sonne und Mond und den Positionen der Mondknoten

vor, dass sich die Himmelskugel alle 24 Stunden ein Mal in die entgegengesetzte Richtung dreht, so dass alle Sterne jeden Tag einen kompletten Umlauf haben. Es handelt sich um eine Simulation dessen, was wir von der scheinbar feststehenden Erde aus sehen.

Die Sonne bewegt sich um das Himmelsgewölbe auf einer Bahn, die Ekliptik genannt wird, und beschreibt dabei in ihrem Jahreszyklus von 365 Tagen einen kompletten Durchgang von 360 Grad mit einer Geschwindigkeit von annähernd 1 Grad pro Tag. Die Bahn des Mondes an der Himmelskugel unterscheidet sich erheblich von derjenigen der Sonne. Zum einen bewegt sich der Mond rascher als die Sonne und umkreist die Himmelskugel von der Erde aus gesehen in nur 29,5 Tagen. Zum anderen hat die Mondbahn eine andere Ausrichtung als die der Sonne und schneidet, wie man in Abbildung 1.1 sehen kann, die Ekliptik in einem Winkel von ungefähr 5 Grad. Die Schnittstellen der Bahnen von Sonne und Mond definieren zwei Punkte auf der Ekliptik, die man als die Knoten der Umlaufbahn des Mondes bezeichnet. Diese Knoten, in Abbildung 1.1 mit dem Buchstaben K markiert, sind für die Erforschung von Sonnenfinsternissen von entscheidender Bedeutung. Die Pfeile, die die Umlaufrichtung des Mondes anzeigen, verweisen auf K1, den absteigenden Knoten, an dem der Mond den Himmelsäquator von Norden nach Süden kreuzt. Bei K2, dem aufsteigenden Knoten, geschieht das Gleiche von Süden nach Norden.
Um eine Sonnenfinsternis zu verstehen, muss man die Bewegungen von Sonne und Mond gleichzeitig in Betracht ziehen. Die Sonne bewegt sich pro Tag um etwa 1 Grad auf der Ekliptik vorwärts, der Mond dagegen auf seiner Umlaufbahn in derselben Richtung täglich um etwa 12 Grad. Da der Mond das Himmelsgewölbe ungefähr zwölfmal schneller als die Sonne umkreist, fängt er sie immer wieder ein und überholt sie.

Hat man die Himmelskugel erst einmal definiert und verstanden, verfügt man über alle Aspekte der scheinbaren Bewegung von Sonne und Mond, die zur Beschreibung von Sonnenfinsternissen erforderlich sind. Freilich gilt es zu bedenken, dass dieses Modell zwar seinen Nutzen hat, aber selbstverständlich kein wirklichkeitsgetreues Abbild der Natur ist. Die Sonne dreht sich eben nicht um die Erde. Dennoch zeigt das Modell der Himmelskugel den Himmel so, wie ihn ein Beobachter auf der Erde sieht. Das Modell erlaubt uns, die Positionen der Himmelskörper zu bestimmen, und erleichtert in hohem Maße die bildliche Darstellung ihrer Bewegungen. Astronomen in der ganzen Welt verwenden es, um ihre Beobachtungen von Sonne und Mond, Planeten und Sternen zu messen und zu vermitteln. Im 18. Jahrhundert waren Himmelsgloben, die auf diesem Modell der Himmelskugel basierten, beliebte Einrichtungsstücke in den Häusern der Oberschicht und erst recht in den eleganten britischen und europäischen Salons.

Zu einer Sonnenfinsternis kommt es, wenn der Mond auf eine Linie zwischen Sonne und Erde rückt und folglich seinen Schatten auf die Erde wirft, während er das Licht der Sonne abblockt. Rückt der Mond jedoch auf eine Linie mit Sonne und Erde, während die Sonne hinter der Erde steht, fällt umgekehrt der Schatten der Erde auf den Mond. Dies nennt man eine Mondfinsternis. Befänden sich die Umlaufbahnen von Sonne und Mond auf derselben Ebene, käme es bei jedem Neumond zu einer Sonnenfinsternis und bei jedem Vollmond zu einer Mondfinsternis. Das geschieht deshalb

Abb. 1.2 »Der erste Unterricht in Geographie und Astronomie«, 1748, anhand eines Modells der Himmelskugel

nicht, weil die Mondbahn gegenüber der Umlaufbahn der Erde um die Sonne um 5 Grad geneigt ist, wie man in Abbildung 1.1 sehen kann. Voraussetzung für das Auftreten einer Sonnenfinsternis ist, dass Neu- oder Vollmond herrscht und der Mond in der Nähe eines der beiden Knoten steht. Falls der Neumond sich nahe bei einem Knoten befindet, kann es zu einer Sonnenfinsternis kommen, und steht der Vollmond in der Nähe eines Knotens, ist eine Mondfinsternis möglich. Wie wir noch sehen werden, ist die Nähe des Mondes zu einem Knoten von entscheidender Bedeutung. Zunächst wollen wir uns jedoch die sich verändernden Phasen des Mondes auf seiner Umlaufbahn genauer ansehen und der Frage nachgehen, wie sie mit Sonnenfinsternissen in Verbindung stehen.

MOND UND ERDE: DIE MONDPHASEN

Ein zum Verständnis von Finsternissen wichtiger Aspekt der Mondbewegung ist der Zyklus der Phasen, die er im Verlauf eines Monats gegenüber der Erde zeigt (siehe Abbildung 1.3). Der Neumond markiert den Beginn des Zyklus, an dem der Mond nicht sichtbar ist, weil er sich in derselben Richtung wie die Sonne befindet und seine von der Sonne beleuchtete Seite von der Erde abgewandt ist. Einen Tag später hat sich der Mond jedoch ein Stück von der Sonne entfernt und erscheint als dünne Sichel am Abendhimmel direkt nach Sonnenuntergang, ehe er hinter dem Horizont verschwindet. Nach ein paar weiteren Tagen steht der zunehmende Mond höher am Himmel, wobei seine Winkelentfernung von der Sonne nun pro Tag um etwas über 12 Grad zunimmt. (Er vollendet einen kompletten Zyklus in etwas mehr als 29,5 Tagen, eine Zeitspanne, die man synodischen Monat nennt.) Zwischen dem siebten und dem achten Tag hat der Mond das erste Viertel seiner Bahn hinter sich und steht, von der Erde aus gesehen, im rechten Winkel zur Sonne, die jetzt die rechte Mondhälfte beleuchtet. Zwischen dem achten und dem 15. Tag wird der beleuchtete Teil zunehmend größer, bis in der Mitte des Zyklus die Vollmondphase erreicht ist.

Bei Vollmond wird die gesamte Mondscheibe beschienen, und Sonne und Mond trennt ein Winkel von 180 Grad. In dieser Position ist eine Mondfinsternis möglich, je nachdem, wie nah der Vollmond sich jetzt an einem der Knoten befindet. Im weiteren Verlauf des Monats schrumpft der beleuch-

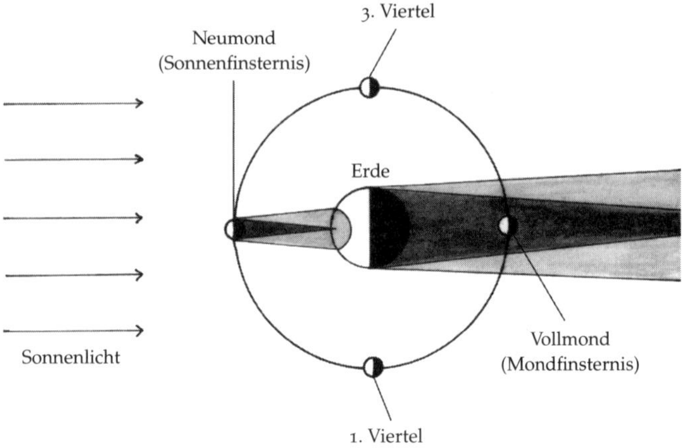

Abb. 1.3 Die vier Hauptphasen des Mondes und die Zeiten, zu denen es zu Finsternissen kommen kann.

tete Teil des Mondes wieder. Nach etwa 22 Tagen erreicht der abnehmende Mond das dritte Viertel seiner Bahn, bei dem die Sonne nur die linke Hälfte bescheint. Erneut bildet der Mond, von der Erde aus gesehen, einen rechten Winkel mit der Sonne. Mittlerweile geht er vor der Sonne auf und ist am Morgenhimmel sichtbar. Im letzten Viertel rückt der Mond näher und näher an die Sonne heran und erscheint dadurch als eine immer dünnere Sichel. Am 27. und am 28. Tag, kurz vor Neumond, sieht man den Mond nur mehr kurz vor Sonnenaufgang wie einen Span am Morgenhimmel stehen. Nach 29,5 Tagen, bei Neumond, entzieht der Mond sich wieder unseren Blicken. Falls der Neumond sich jetzt nah genug bei einem seiner beiden Knoten befindet, kommt es zu einer Sonnenfinsternis. Nach Neumond beginnt der Zyklus wieder von vorne. Aus Abbildung 1.3 geht hervor, dass eine Mondfinsternis nur bei Vollmond möglich ist, eine Sonnenfinsternis dagegen nur bei Neumond.

EIN GROSCHEN IM EIGENEN AUGE: SONNENFINSTERNIS IM SELBSTVERSUCH

Eine Sonnenfinsternis lässt sich leicht simulieren. Man nehme einen runden Bierdeckel von etwa 10 Zentimetern Durchmesser in die linke Hand und strecke den Arm aus. Dann nimmt man einen Groschen in die rechte Hand und hält ihn sich nah vors Auge. Jetzt visiert man die beiden Scheiben auf derselben Achse an und bringt den Groschen so nahe vor das Auge, bis er den Bierdeckel verdeckt: Schon hat man eine totale Sonnenfinsternis im Kleinen. Bei einem Münzdurchmesser von 2 Zentimetern und einer angenommenen Armlänge von 70 Zentimetern wird sich die Münze etwa 14 Zentimeter vor dem Auge befinden.

Dass sich eine Sonnenfinsternis derart einfach simulieren lässt, könnte einen zu der Annahme verleiten, bei einer echten Sonnenfinsternis handle es sich um ein recht simples Phänomen. Bedenkt man aber die Größenverhältnisse, wird die Sonnenfinsternis zu einem bemerkenswerten Ereignis. Die Sonne ist nicht nur ungefähr vierhundertmal größer als der Mond, sie ist auch etwa vierhundertmal weiter von der Erde entfernt. Für den Beobachter auf der Erde ergibt sich daraus, dass Sonne und Mond am Himmel nahezu gleich groß erscheinen. Wenn Neumond herrscht und der Mond eine gerade Linie mit Sonne und Erde bildet, können sich beide Scheiben fast vollständig überlappen, und es kommt zu einer Sonnenfinsternis. Der Mond verdeckt das Licht der Sonne und wirft seinen Schatten auf die Erde.

Mond-Durchmesser	3,48
Erd-Durchmesser	12,74
Sonnen-Durchmesser	1394,00
Distanz E–M	380,00
Distanz E–S	149 000,00

Tabelle 1A Relevante Größen von Sonne, Mond und Erde (in 1000 km)

UNTERSCHIEDLICHE ARTEN VON SONNENFINSTERNISSEN

Nicht alle Sonnenfinsternisse sind gleich. Vielmehr gibt es drei verschiedene Typen, die je nach dem vom Mond hervorgerufenen Schatten definiert werden. Wie eine Sonnenuhr oder auch ein großer Strohhut wirft der Mond im Sonnenlicht einen Schatten, und beim Mond ist dieser Schatten lang genug, die Erde zu erreichen und eine Finsternis zu bewirken. Im Allgemeinen wird der konusförmige Mondschatten an der Erde vorbei in den Weltraum projiziert. Wenn jedoch die Voraussetzungen hinsichtlich der Mondphase und der Position auf der Umlaufbahn gegeben sind, das heißt, falls in

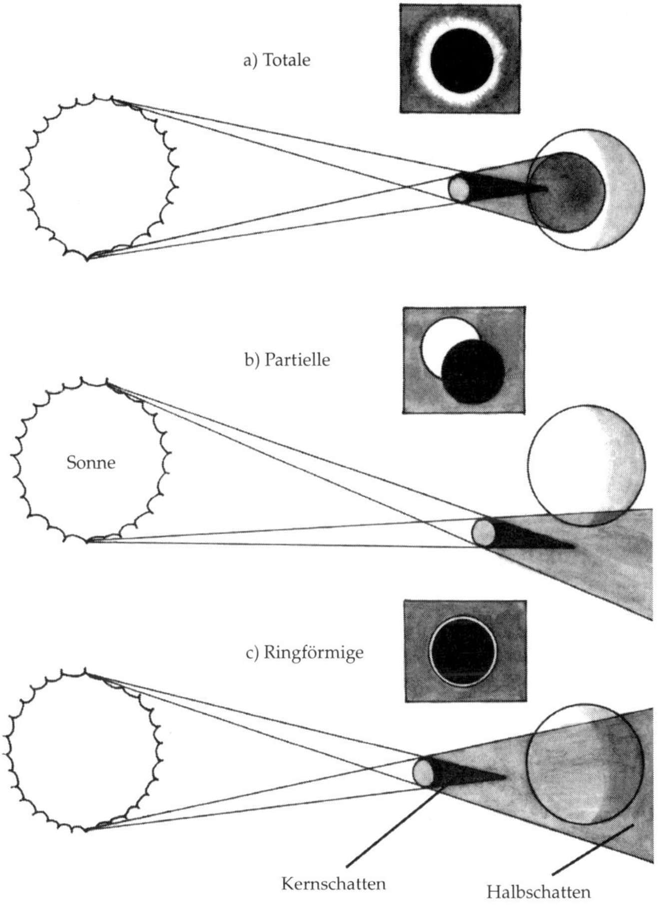

Abb. 1.4 Arten von Sonnenfinsternissen: totale (a), partielle (b) und ringförmige (c)

der Nähe eines Knotens Neumond herrscht, trifft der Mondschatten auf die Erde. Wie man in Abbildung 1.4 sehen kann, ereignet sich dann eine von drei Arten einer Sonnenfinsternis, je nachdem, wie Erde, Mond und Sonne zueinander stehen und wie weit Erde und Mond voneinander entfernt sind.

Bei einer so großflächigen Lichtquelle wie der Sonne besteht ein eventueller Schatten stets aus zwei Teilen. Der Kernschatten ist der Bereich des totalen Schattens, von dem aus kein Teil der Sonne mehr zu sehen ist. Falls die Spitze des Kernschattenkonus die Erde erreicht, sehen die Menschen innerhalb der kleinen Region, auf die er fällt, eine totale Sonnenfinsternis. Außerhalb des Kernschattens, aber innerhalb des Halbschattens, wird das Licht durch den Mond nicht vollständig verdeckt, und ein Beobachter auf der Erde sieht einen Teil der Sonne – er erlebt also nur eine partielle Sonnenfinsternis. Die totale Sonnenfinsternis ist der interessanteste Typus, denn ein Beobachter innerhalb der Kernschattenzone kann bei wolkenlosem Himmel die sich schwach abzeichnende Korona erkennen, die die Sonne umgibt. Die Korona ist ein sehr dünnes, überwiegend aus Wasserstoff bestehendes Gas, das die äußere Atmosphäre der Sonne bildet und während einer totalen Sonnenfinsternis als ein so genannter Halo oder Hof in Erscheinung tritt – im Grunde das charakteristischste Merkmal einer totalen Sonnenfinsternis. Eine partielle Sonnenfinsternis lässt sich hingegen auch dann beobachten, wenn nur der Halbschatten des Mondes die Erde trifft. In diesem Fall ist allerdings keine der Besonderheiten einer Totalität, wie etwa die Korona, zu sehen.

Bei einer ringförmigen Sonnenfinsternis steht der Mond auf einer Linie mit der Sonne, deckt aber die Sonnenscheibe nicht vollständig ab, weil der Kernschatten nicht ganz bis zur Erde reicht. Es handelt sich dennoch um einen verblüffenden optischen Effekt, bei dem das Sonnenlicht einem Ring um den äußeren Mondrand entströmt. Daher der Name »ringförmig«. Wie bei der partiellen Sonnenfinsternis ist die schwache Korona auch bei einer ringförmigen Sonnenfinsternis nicht sichtbar, weil das direkte helle Licht vom Sonnenring sie überstrahlt. Durch eine kleine Veränderung der selbstgemachten Sonnenfinsternis lässt sich auch eine ringförmige Sonnenfinsternis simulieren. Dazu hält man die Münze zunächst so, dass sie den Bierdeckel gerade verdeckt, und bewegt sie dann ein Stückchen vom Auge weg. Nun sieht man, wie um die Münze herum ein Ring des Bierdeckels auftaucht. *Voilà* – eine ringförmige Sonnenfinsternis!

Die Tatsache, dass die Ausrichtung von Sonne, Mond und Erde in einer Fluchtlinie entweder eine totale oder eine ringförmige Sonnenfinsternis bewirken kann, impliziert, dass die Entfernung zwischen Erde und Mond unterschiedlich groß ist. Nicht immer ist der Mond der Erde nahe genug, um die gesamte Sonnenscheibe zu verdecken. Letztlich verändern sich, während Erde und Mond auf ihren Umlaufbahnen dahinziehen, ständig sowohl die Entfernung zwischen Erde und Mond wie auch die zwischen Erde und Sonne. Die in Tabelle 1A für diese Entfernungen eingesetzten Werte sind Durchschnittswerte: Zu einem bestimmten Zeitpunkt können ihre tatsächlichen Umlaufbahnentfernungen größer oder auch kleiner sein als diese Werte. Demnach ist der Mond manchmal der Erde nicht nahe genug, um die Sonne vollständig zu verdecken, auch wenn sie exakt auf einer Linie liegen, und so kommt es stattdessen zu einer ringförmigen Sonnenfinsternis.

Die Variationen in den Entfernungen zwischen Erde und Mond und Erde und Sonne erklären sich dadurch, dass ihre Umlaufbahnen nicht kreisförmig verlaufen. Dies ist eine Eigenschaft aller Himmelskörper mit einer Umlaufbahn und war eine von vielen Entdeckungen des deutschen Astronomen Johannes Kepler (1571–1630) im frühen 17. Jahrhundert. Kepler hatte eine Reihe von Gesetzen für die planetaren Bewegungen vorgelegt, die in völligem Widerspruch zu den damals geltenden Theorien standen. Das erste Gesetz besagte, dass sich alle Planeten, einschließlich der Erde, in Bahnen um die Sonne bewegen, bei denen es sich um in die Länge gezogene Kreise, also um Ellipsen, handelt. Des Weiteren, so Kepler, befinde sich die Sonne nicht im Zentrum der Umlaufbahn eines Planeten, sondern an einem von zwei Punkten, den so genannten Brennpunkten, zu beiden Seiten des Zentrums.

Keplers zweites Gesetz beinhaltete eine weitere revolutionäre Idee, nämlich die, dass die Planeten sich nicht gleichmäßig vorwärts bewegen, sondern stetig langsamer werden, wenn sie sich von der Sonne fortbewegen, und beschleunigen, wenn sie sich auf die Sonne zubewegen. Am schnellsten bewegt sich ein Planet an demjenigen Punkt seiner elliptischen Umlaufbahn, an dem er der Sonne am nächsten

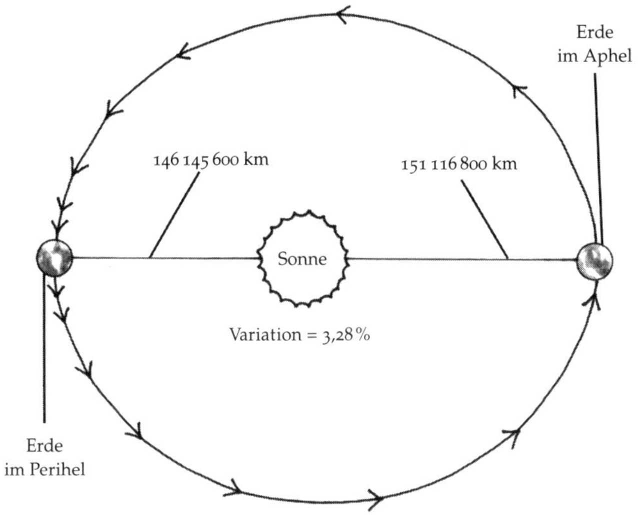

Abb. 1.5 Umlaufbahn der Erde mit den Variationen in der Entfernung zwischen Erde und Sonne

kommt, dem so genannten Perihel. Am langsamsten bewegt er sich am anderen Ende seiner Umlaufbahn, wenn er am weitesten von der Sonne entfernt ist, an einem Punkt, der Aphel heißt. Diese Extrempunkte der Umlaufbahn werden durch zwei Präfixe angezeigt, *Peri-* für »nah« und *Ap-* für »entfernt von«; *hel* kommt von *helios*, dem griechischen Wort für Sonne. Abbildung 1.5 zeigt die ellipsenförmige Umlaufbahn der Erde, bei der die Sonne leicht aus dem Zentrum gerückt ist (die Ellipsenform ist der Anschaulichkeit wegen ein wenig übertrieben). Die Pfeile auf der Umlaufbahn der Erde zeigen die Beschleunigung der Erde an, während sie sich der Sonne annähert, und ihre Verlangsamung, während sie sich von der Sonne wegbewegt.

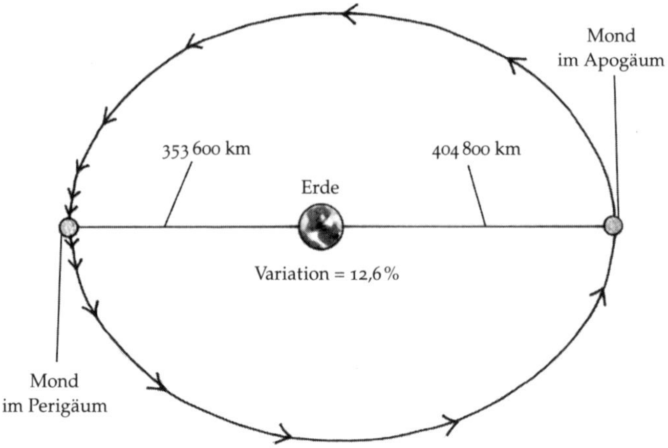

Abb. 1.6 Umlaufbahn des Mondes mit den Variationen in der Entfernung zwischen Erde und Mond

Das Gleiche geschieht mit dem Mond. Im Jahre 1687 veröffentlichte Isaac Newton (1643–1727) seine Theorie der Schwerkraft, die zeigte, dass sich die Keplerschen Gesetze verallgemeinern ließen: Jeder Himmelskörper, der einen anderen, ihn anziehenden Körper umkreist, gehorcht Keplers Gesetzen. Somit bewegt sich auch der Mond auf einer elliptischen Bahn um die Erde, die sich an einem Brennpunkt dieser Ellipse befindet. Die Umlaufbahn des Mondes um die Erde ist in Abbildung 1.6 dargestellt. Erneut zeigen Pfeile die Beschleunigung und Verlangsamung des Mondes auf seiner Umlaufbahn an (und auch hier ist die Ellipse übertrieben). An den beiden Enden der Mondbahn befinden sich entsprechende Punkte der größten Annäherung an die Erde und der größten Entfernung von ihr, auch Perigäum (»nahe der Erde«) und Apogäum (»entfernt von der Erde«) genannt.

Nach Newtons Gravitationstheorie nimmt die Anziehungskraft zwischen zwei Körpern zu, je näher sie sich kommen. Diese Veränderung der Gravitationskraft des anziehenden Körpers, mit der die Sonne auf die Erde und diese wiederum auf den Mond wirkt, ist die Ursache für die Beschleunigung oder Verlangsamung von Erde und Mond auf ihren jeweiligen Umlaufbahnen.

Die Distanzen der größten Annäherung und Entfernung von Erde beziehungsweise Mond sind in den Abbildungen 1.5 und 1.6 angegeben. Aus diesen Entfernungen lässt sich die Veränderung in Prozenten berechnen. Die Umlaufbahn der Erde ist nahezu kreisförmig, weshalb ihre Distanz zur Sonne nur um etwa 3 Prozent variiert. Die Umlaufbahn des Mondes ist dagegen elliptischer, und daher variiert die Distanz zwischen Erde und Mond innerhalb des monatlichen Zyklus um 12 Prozent. Für einen Beobachter auf der Erde weicht der Durchmesser der Sonne um bis zu 2 Prozent vom Durch-

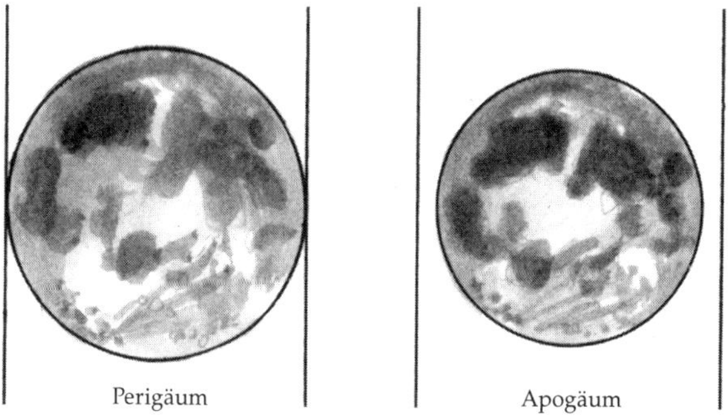

Abb. 1.7 Nachzeichnungen von Fotografien des Vollmonds im Perigäum und Apogäum. Bei beiden Aufnahmen wurde dasselbe 100 mm f/10 Refraktorteleskop benutzt (nach Harrington 1997).

schnittswert ab, während es beim Winkeldurchmesser des Mondes 8 Prozent sind. Abbildung 1.7 zeigt Nachzeichnungen von Fotografien, die mit demselben Teleskop und demselben Objektiv bei Vollmond im Perigäum und im Apogäum aufgenommen wurden. Man erkennt deutlich die Auswirkung der unterschiedlichen Mondpositionen auf die Größe des Bildes vom Mond, wie er von der Erde aus wahrgenommen wird. Die besten Bedingungen für eine Sonnenfinsternis sind in Tabelle 1B zusammengefasst.

Position der Erde	Position des Mondes	Typ der Sonnenfinsternis
Aphel (max. Distanz zur Sonne) kleinstes Bild der Sonne	Perigäum (min. Distanz zur Sonne) größtes Bild des Mondes	totale
Perihel (min. Distanz zur Sonne) größtes Bild der Sonne	Apogäum (max. Distanz zur Erde) kleinstes Bild des Mondes	ringförmige

Tabelle 1B Bahnvoraussetzungen bei Erde und Mond für Sonnenfinsternisse.

DIE KNOTENLINIE UND DIE SAISON DER SONNENFINSTERNISSE

Abbildung 1.1 zeigt die beiden Knoten auf der Umlaufbahn des Mondes, also die Punkte, an denen seine Bahn die Ekliptik, die Bahn der Sonne am Himmelsgewölbe, schneidet. Der aufsteigende Knoten ist dabei der Punkt, an dem der Mond die Ekliptik von unten nach oben, von Süden nach Norden, kreuzt. Als absteigenden Knoten bezeichnet man hingegen den Punkt, an dem der Mond die Ekliptik von oben nach unten, von Norden nach Süden, durchquert.

Abbildung 1.8 zeigt ebenfalls das Himmelsgewölbe, diesmal aber mit weiteren Einzelheiten. Um die entscheidenden Voraussetzungen für Sonnenfinsternisse noch genauer untersuchen zu können, ist nun eine imaginäre Verbindungslinie zwischen den beiden Knoten auf der Ekliptik eingezeichnet. Astronomen nennen diese Linie schlicht »Knotenlinie«. Sie dreht sich langsam in einer der Bewegung der Sonne entgegengesetzten Richtung und benötigt 18,61 Jahre, um die Ekliptik ein Mal zu umrunden. Liegt sie mit der Sonne auf einer Linie, kann sich eine Sonnenfinsternis ereignen. Da es zwei Knoten gibt, kommt es ungefähr zweimal im Jahr zu dieser gleichen Ausrichtung. Der Zeitraum rund um eine solche Ausrichtung heißt Finsternissaison, denn falls gerade Neumond herrscht, findet dieser in der Nähe eines Knotens statt, und es kommt wahrscheinlich zu einer Sonnenfinsternis.

Die Rotation der Knotenlinie beeinflusst die Zeitspanne zwischen den Sonnenfinsternis-Saisons. Die Sonne bewegt sich

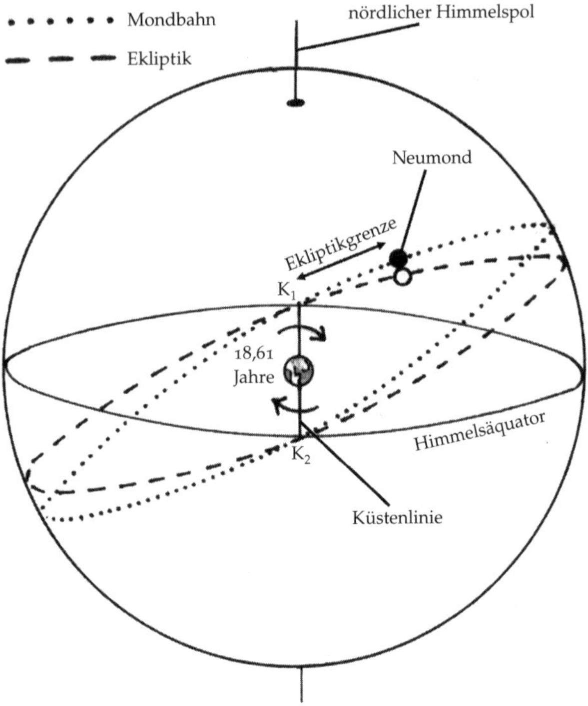

Abb. 1.8 Die Himmelskugel mit den Ekliptikgrenzen und der Knotenlinie der Mondbahn

scheinbar täglich um etwa 1 Grad ostwärts entlang der Ekliptik und vollendet einen Umlauf um den Himmel in 365,25 Tagen – einem Sonnenjahr. Die Knotenlinie dreht sich hingegen langsam rückwärts in westlicher, also entgegengesetzter Richtung und braucht für einen Umlauf 18,61 Jahre. Ein Finsternisjahr – also die Zeit, die die Sonne benötigt, um erneut zur gleichen Ausrichtung mit demselben Knoten zu gelangen – ist folglich kürzer als ein Sonnenjahr. Die Dauer des Finsternisjahres lässt sich leicht errechnen.

Die Knotenlinie rotiert ein Mal in 18,61 Jahren, bewegt sich also mit einer Geschwindigkeit von 360 : (365,25 x 18,61) = 0,053 Grad am Tag in westlicher Drehrichtung um die Ekliptik. Die Sonne wiederum bewegt sich mit einer Geschwindigkeit von 360 : 365,25 = 0,986 Grad am Tag in der gegenläufigen Richtung. Um die kombinierte Bewegungsgeschwindigkeit von Knotenlinie und Sonne aufeinander zu zu ermitteln, addiert man einfach die beiden Ergebnisse und erhält einen Wert von 1,039 Grad pro Tag. Die Dauer des Finsternisjahres beträgt demzufolge 346,62 Tage (die Winkelgrößen sind hier auf drei Dezimalstellen genau angegeben – die präzisen Werte ergeben tatsächlich 346,62 Tage). Von einem Knoten zum nächsten dauert es genau halb so lange, also 173,3 Tage. Aus diesen Größen ergeben sich wichtige Folgen für die Berechnung der Häufigkeit, mit der eine Sonnenfinsternis stattfindet.

DIE EKLIPTIKGRENZE

Wenn die Sonne bei Neumond genau auf der Linie eines Knotens steht, kommt es natürlich zu einer Sonnenfinsternis. Dafür muss sich der Mond selbst gar nicht exakt auf einem Knoten befinden. Jedes Mal, wenn der Mond dem Knoten so nah ist, dass sich die beiden Scheiben gerade berühren, findet zumindest eine partielle Sonnenfinsternis statt. Bei der Stellung von Sonne und Neumond auf der Himmelskugel in Abbildung 1.8 berühren sich ihre Scheiben lediglich. Diese

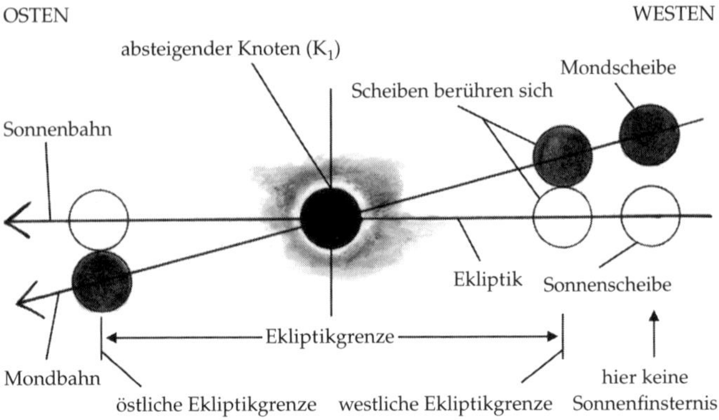

Abb. 1.9 Die Ekliptikgrenzen an einem absteigenden Knoten (jeweils bei Neumond)

Position bezeichnet die maximale Winkeldistanz des Neumondes vom Knoten, bei der noch eine Sonnenfinsternis möglich ist. Diese Entfernung nennt man auch Ekliptikgrenze. Wenn die gesamte Ausdehnung der Ekliptikgrenze, östlich plus westlich des Knotens, sowie die Bahngeschwindigkeit von Sonne und Erde bekannt sind, lässt sich die Häufigkeit von Sonnenfinsternissen berechnen. Abbildung 1.9 zeigt eine Vergrößerung jenes Abschnitts der Ekliptik, der dicht bei einem Knoten liegt. (Es handelt sich in diesem Fall um einen absteigenden Knoten, damit die Abbildung auch zu Beispielen in späteren Kapiteln passt.)

Die Winkelspreizung der Ekliptikgrenze hängt von der Neigung der Mondbahn ab, die etwas mehr als 5 Grad beträgt, darüber hinaus aber auch von der scheinbaren Größe von Sonne und Mond, die, wie wir gesehen haben, auf Grund der sich ständig ändernden Umlaufentfernungen von Erde und

Mond variieren kann. Verwendet man die entsprechenden Umlaufparameter, so ist die Winkelöffnung der Ekliptikgrenze dann am größten, wenn der Mond im Perigäum und die Erde im Perihel stehen. Bei dieser Konstellation haben beide Scheiben ihre maximalen Größen und »berühren« sich an einem Punkt, der am weitesten vom Knoten entfernt ist. Die Berechnung ergibt 37,02 Grad, was einem Zeitfenster von ungefähr 37,5 Tagen entspricht. Das Minimum von 30,70 Grad gilt, wenn sich der Mond im Apogäum befindet, die Erde hingegen im Aphel steht. Beide Scheiben sind dann, von der Erde aus gesehen, am kleinsten und berühren sich erst an einem Punkt, der näher am Knoten liegt. Man kann die Ekliptikgrenze als eine »Gefahrenzone« betrachten – falls Neumond herrscht, während sich die Sonne in diesem Bereich befindet, ereignet sich eine Sonnenfinsternis.

Während eines synodischen Monats, also in den 29,53 Tagen zwischen zwei Neumondphasen, bewegt sich die Sonne um einen bestimmten Bruchteil eines Finsternisjahres auf der Ekliptik weiter. Berechnen lässt sich dieser Weg als das Verhältnis der Anzahl von Tagen eines synodischen Monats zu der Anzahl der Tage eines Finsternisjahres – also 29,53 : 346,62, was den Wert 0,085 ergibt. Dieser Bruchteil einer vollständigen Umdrehung von 360 Grad beträgt 30,67 Grad; der Wert entspricht fast genau – und liegt nur knapp unter – dem der geringsten Winkelöffnung der Ekliptikgrenze.

Aus diesem Ergebnis lässt sich nun eine höchst interessante Schlussfolgerung ziehen. Der geringste Wert der Ekliptikgrenze, 30,70 Grad, ist größer als der Winkel von 30,67 Grad, den die Sonne während einer vollständigen synodischen Mondperiode durchläuft. Dementsprechend gelingt es der Sonne niemals, die Ekliptikgrenze zu durchmessen, ohne dass sie dabei von einem Neumond überholt wird. Somit kommt es an jedem Knoten zwangsläufig zu mindestens einer Sonnenfinsternis, also zu insgesamt zweien pro Kalenderjahr. Bei optimalen Umlaufbedingungen, mit dem Mond im Perigäum und der Erde im Perihel, gilt dagegen das Maximum der Ekliptikgrenze von 37,02 Grad. Die gleiche Berechnung ergibt nun, dass unter solchen Bedingungen zwei Sonnenfinsternisse an jedem Knoten möglich sind, also insgesamt vier pro Kalenderjahr. Das Konzept der Ekliptikgrenze bietet demnach ein brauchbares Verfahren, um die jeweiligen Eigenschaften von Sonnenfinsternissen vorauszusagen. Es wird auch noch von Nutzen sein, wenn es darum geht, die Eigentümlichkeiten der Saros-Serien von Sonnenfinsternissen zu erklären.

DIE ZUKUNFT DER TOTALEN SONNENFINSTERNIS

Der Zufall des Verhältnisses von 400 : 1 für die Entfernung beziehungsweise Größe von Sonne und Mond beeindruckte selbstverständlich auch den Renaissance-Astronomen Johannes Kepler. Er nannte die Sonnenfinsternis gar »ein Geschenk des Schöpfers an uns«. In einer seiner vielen Untersuchungen über den Himmel wies er zudem darauf hin, dass diese glückliche Situation nicht für immer gelten werde. In Millionen von Jahren werde die Mondbahn sich so weit vergrößert haben, dass keine totale Sonnenfinsternis mehr möglich sei. Alle zentralen Sonnenfinsternisse seien schließlich ringförmig. Zu diesem Ergebnis gelangte er folgendermaßen.

Wenn sich die Umlaufgeschwindigkeit eines Himmelskörpers erhöht, so seine Berechnung, vergrößert sich auch seine Umlaufbahn. Beim Mond nimmt die Umlaufgeschwindigkeit infolge von Gezeitenkräften zu. Die Gravitationskraft des Mondes zieht an den Ozeanen und der Erdkruste und bewirkt die zweimal täglich auftretenden Gezeiten. Umgekehrt wirkt die Erdanziehung auf den Mond, und diese Gezeiteneffekte führen wiederum zu Aufwölbungen an der Mondoberfläche. Die vom Mond auf der Erde bewirkten Gezeitenwölbungen sind jedoch nicht um jenen Punkt auf der Erdoberfläche zentriert, der direkt unterhalb des Mondes liegt, sondern auf Grund der größeren Rotationsgeschwindigkeit der Erde ein Stück vorwärts versetzt (siehe Abbildung 1.10). Dadurch wird die Gezeitenwölbung vor die Position des Mondes am Himmel gezogen und übt nun eine zusätzliche Anziehungskraft auf den Mond aus, was unter anderem zur Folge hat, dass sich die Umlaufgeschwindigkeit des Mondes erhöht. Im Verlauf vieler Jahre wird diese leichte Zunahme der Umlaufgeschwindigkeit des Mondes dazu führen, dass der Mond sich allmählich von der Erde entfernt.

In menschlichen Zeitmaßen ist dieses zentimeterweise Wegrücken des Mondes von der Erde kaum wahrnehmbar. In Millionen von Jahren jedoch werden die Auswirkungen ganz

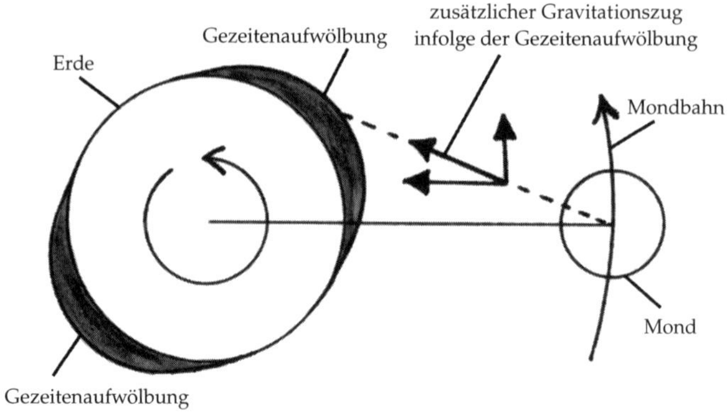

Abb. 1.10 Die Auswirkungen der Gezeitenaufwölbung auf der Erde auf die Umlaufgeschwindigkeit des Mondes

real sein. Unsere fernen Nachfahren werden nie eine totale Sonnenfinsternis zu sehen bekommen. Ab einem bestimmten Zeitpunkt in der Zukunft wird die Mondscheibe, wie man sie von der Erde aus sieht, immer kleiner erscheinen als die der Sonne, so dass es dann nur mehr ringförmige Sonnenfinsternisse geben wird. Zweifellos treibt diese Tatsache viele der geradezu besessenen Sonnenfinsternis-Jäger an, die durch die ganze Welt reisen, um dem außergewöhnlichen Phänomen einer totalen Sonnenfinsternis beizuwohnen. Sie wissen, wie gut wir *Homines sapientes* es mit unserer gegenwärtigen Epoche getroffen haben.

DIE BABYLONIER, CHRONISTEN DER SONNENFINSTERNISSE

Um wie vieles steht ein Gott über dem anderen Gott?

Altbabylonischer astronomischer Text

TON AUS BAGDAD

In den siebziger und frühen achtziger Jahren des 19. Jahrhunderts gelangten zahllose Tontafeln aus babylonischen Grabungsstätten in die Hände von Antiquitätenhändlern in Bagdad. Gefunden hatte man die Tafeln in den Ruinen der alten assyrischen Stadt Ninive, wo sie einstmals Bestandteil des königlichen Archivs in der berühmtesten Bibliothek des Nahen Ostens gewesen waren. Letztere hatte König Assurbanipal errichten lassen, der während Assyriens Blütezeit im 8. Jahrhundert v. Chr. herrschte. Dass dieser historische Schatz für künftige Gelehrte erhalten blieb, ist der Verwüstung Ninives durch die vereinigten Truppen der Meder und Chaldäer im Jahre 612 v. Chr. zu verdanken, bei der die Bibliothek völlig zerstört und das königliche Archiv unter dem Schutt begraben wurde.

Das babylonische Reich lag zwischen den beiden großen Flüssen Euphrat und Tigris in einem Gebiet, das historisch als Mesopotamien – »Zweistromland« – bekannt ist. Beide

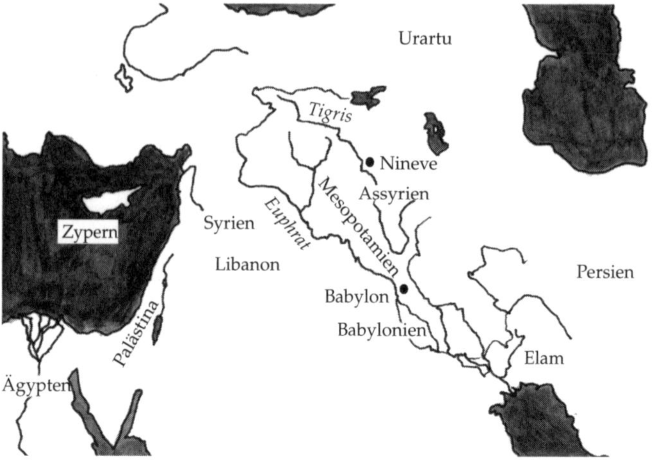

Abb. 2.1 Der nahe Osten: Mesopotamien, das »Zweistromland«

Ströme fließen in südöstlicher Richtung und kommen sich so nahe, dass sie schließlich ein einziges Tal bilden, in dem sie den größten Teil ihrer Wegstrecke in zwei parallelen Flussbetten zurücklegen. Kurz bevor sie den Persischen Golf erreichen, vereinigen sie sich. Ihr gemeinsames Delta bildet eine etwa 275 Kilometer lange Ebene. Wie in Ägypten der Nil bot auch dieses Delta den frühen Bewohnern viele Vorteile und zog deshalb über Jahrtausende hin stetig neue Siedler an. Das fruchtbare Tal warf ertragreiche Ernten ab und lieferte nicht nur den leicht zu bearbeitenden Ton, sondern auch die nahrhaften Früchte der Dattelpalme. Zwar gab es keine größeren Gesteinsablagerungen, doch die frühen Siedler konnten den vorhandenen Ton zum Bauen und sogar als Schreibmaterial verwenden.

Jägerstämme aus den Gebirgen im Norden und Hirten aus

dem Süden versuchten immer wieder, dieses reiche Gebiet zu erobern, und so herrschte im alten Mesopotamien häufig Krieg. Die Sumerer, die frühesten Bewohner, über die es schriftliche Zeugnisse gibt, waren um 3700 v. Chr. in diese Region gekommen und hatten sich dort nach und nach als Bauern niedergelassen. Ihnen wird die Entwicklung der ersten uns bekannten Schrift zugeschrieben.

In den achtziger Jahren des 19. Jahrhunderts kaufte das British Museum über Londoner Händler nahezu sämtliche Tontafeln in Bagdad auf. Bald schon zeigte sich, dass diese gewaltige Sammlung Geschichten über die Erschaffung der Welt und die Sintflut, aber auch Tausende von Texten über Mathematik und Astronomie enthielt. Bei Letzteren handelte es sich um Aufzeichnungen über astronomische Beobachtungen, die über viele Jahrhunderte in Assyrien und Babylonien gemacht worden waren und bis ins dritte vorchristliche Jahrtausend zurückreichten. Heute lagern im British Museum noch über 130 000 Tontafeln. Es ist eine erstaunliche Sammlung, die mindestens 98 Prozent aller noch erhaltenen Zeugnisse der babylonischen Astronomie umfasst.

Eine Reihe von siebzig Tafeln aus Ninive entpuppte sich als ein riesiges Programm astronomischer Beobachtungen, das man im Verlauf des zweiten vorchristlichen Jahrtausends durchgeführt hatte. Benannt nach den Eingangsworten als *Enuma Anu Enlil* (»Wenn Himmel und Erde …«), handelt es sich dabei um eine über Jahrhunderte zusammengestellte Liste himmlischer Zeichen, von denen man glaubte, die Götter hätten sie dem König gesandt, um ihn vor bevorstehendem Unheil zu warnen. Die meisten dieser Tafeln enthalten Deutungen von Sonnen- und Mondfinsternissen, Planetenkonjunktionen und Kometen, die bei den Babyloniern als gefährliche Omen galten.

DIE ALTBABYLONISCHE ZEIT

Um 1700 v. Chr. eroberte Hammurabi, der einer um 1950 v. Chr. aus Arabien eingewanderten Schicht zugehörige und somit semitische König, den letzten Herrschaftsbereich der Sumerer. Mit diesem Sieg vereinigte er das Zweistromland endgültig unter einer Herrschaft, und er machte Babylon zur Hauptstadt seines Königreiches. Dort, auf dem linken Euphratufer, etwa 110 Kilometer südlich des heutigen Bagdad, regierte die Dynastie Hammurabis bis 1530 v. Chr.; die rund vierhundert Jahre der ersten Dynastie zwischen 1950 und 1530 v. Chr. werden heute als die »altbabylonische Periode« bezeichnet. Doch erst nach diesem goldenen Zeitalter, in dem diese sagenumwobene Stadt zum Führungszentrum und zur Hauptstadt der Region wurde, nannte man die gesamte Gegend Babylonien.

Das in den Ruinen der alten Städte Babyloniens aufgefundene reiche Erbe von Zeugnissen der Literatur, Religion und Astronomie aus altbabylonischer Zeit hätte ohne ein haltbares Aufzeichnungsmedium unmöglich bis heute überdauert. Die von den Sumerern ererbte Verwendung von Tontafeln war dafür perfekt geeignet. Diese Tafeln wurden aus weichem

Ton hergestellt und mit einem keilförmigen Stift beschrieben, der dieser Schriftform ihren Namen gab. Für dauerhafte Aufzeichnungen wurde die fertig beschriebene Tafel getrocknet oder gebrannt, bis sie hart war, und gewöhnlich in einem Tonbehälter aufbewahrt oder mit Stoff umwickelt. In getrocknetem Zustand waren die Tafeln nahezu unzerstörbar und konnten daher der modernen Wissenschaft eine Fülle von Informationen über diese Zeit liefern. Zu den zahllosen Schätzen gehören auch Tausende von astronomischen und mathematischen Aufzeichnungen. Allein auf dem Gelände der alten Stadt Nippur, die einstmals ein vom assyrischen Königreich errichtetes astronomisches Observatorium beherbergte, hat man rund 50 000 Tontafeln bergen können.

Ein weiteres Erbe aus sumerischer und altbabylonischer Zeit war das sexagesimale Zahlensystem. Tausende von Tontafeln aus der Zeit um 1800–1600 v. Chr. weisen ein Zahlensystem auf, das uns heute fremd anmutet. Statt des auf der Zahl 10 basierenden Dezimalsystems benutzten die Babylonier eine Zählweise, die auf der Zahl 60 aufbaute (daher der Name »sexagesimal«). Viele Historiker haben sich bemüht, dieses ungewöhnliche Zahlensystem zu erklären. Eine Theorie besagt, die Entscheidung für das Sexagesimalsystem habe sich durch die herausragende Rolle der Astronomie innerhalb der babylonischen Gesellschaft ergeben. So dauert beispielsweise das Sonnenjahr ungefähr 360 Tage, eine Zahl, die sich leicht als 6 x 60 ausdrücken lässt. Wie auch immer es dazu gekommen ist, das sexagesimale Zählsystem konnte sich jedenfalls bemerkenswert lange halten. Überbleibsel davon finden sich noch heute in unserer Zeiteinteilung mit sechzig Minuten in einer Stunde und in der Winkelmessung mit 360 Grad in einem Kreis, obwohl für andere Zählbereiche inzwischen fast überall das Dezimalsystem gilt.

Die altbabylonische Periode verzeichnete bedeutende Fortschritte in dem Bereich, den man als »Naturwissenschaften« bezeichnen könnte. Für die Weltsicht der Babylonier war jedoch vor allem eine dieser »Wissenschaften« bezeichnend – die Astrologie. Seit den ersten Anfängen dieses Zeitalters blickten die Menschen zum Himmel und versuchten, dort so etwas wie eine Ordnung zu entdecken. Zu Beginn des ersten Jahrtausends v. Chr. hatten die Babylonier dann bereits Techniken der Himmelsbeobachtung entwickelt, die sie dazu verwendeten, einen Kalender zu erstellen und eine auf dem Sexagesimalsystem aufbauende Mathematik zu schaffen, mit der sie die Bewegungen von Sonne und Mond verfolgen und nachbilden konnten.

Die Regelmäßigkeit der Vorgänge am Himmel bot frühen Kulturen die beste Möglichkeit, den Kosmos als etwas Geordnetes zu begreifen. Dank ihrer Katalogisierung des Himmels waren sie imstande, zyklisch wiederkehrende Ereignisse zu identifizieren und somit Kalender zu entwickeln. Ihr Wissen um die Wiederkehr der Jahreszeiten für die Landwirtschaft und um Referenzpunkte am Himmelsgewölbe für die Navigation war entscheidend für die weitere Entwicklung ihrer Kultur.

Auch andere alte Kulturen wie die der Ägypter und der Chinesen verfügten über eindrucksvolle Himmelskarten und entwickelten Verfahren, mit denen sie die Bewegungen von Sonne und Mond verfolgen und so das Problem lösen konnten, auf welche Weise die Mondbewegung mit derjenigen der Sonne synchronisiert ist. Auch wenn der Mond einen geeigneten Zeitzyklus für die Einteilung des Jahres liefert, steht er doch in keinerlei Zusammenhang mit den alles entscheidenden Jahreszeiten, die ganz von der Sonne abhängen.

In ihrem Bemühen, den Mondzyklus als allgemeines Zeitmaß zu verwenden, gingen die Babylonier weiter als alle anderen. Dazu untersuchten sie die Bewegung des Mondes bei seinem Umlauf um die Erde. Die entsprechenden Beobachtungen wurden über lange Zeiträume hinweg exakt und systematisch aufgezeichnet. In einem nächsten Schritt suchten sie in ihren Aufzeichnungen nach sich wiederholenden Mustern von Mondbewegungen, wie etwa den Phasen, die er innerhalb eines Monats durchläuft, und der Abfolge der Positionen am Horizont, an denen er jeweils auf- und unterging. Schließlich simulierten sie diese Muster mit Hilfe mathematischer Modelle, um künftige Positionen vorherzusagen. All dies weist eine überraschende Ähnlichkeit mit der angewandten Mathematik von heute auf.

HIMMLISCHE VORZEICHEN UND WEISSAGUNGEN

Gemessen an ihrem eigentlichen Vorhaben war die Entwicklung eines Mond-Sonnen-Kalenders vergleichsweise einfach.

Ihr tatsächliches Ziel bei der Erforschung der Bahnen von Sonne und Mond bestand nämlich darin, die Bewegungen dieser bedeutendsten Himmelskörper vollständig zu verstehen. Dies würde die Priesterastronomen in die Lage versetzen, den Eintritt von Mond- oder Sonnenfinsternissen – der Furcht erregendsten Omina am Himmel – möglichst genau vorherzusagen. Für die Menschen der Antike war die Verfinsterung der Sonne oder des Mondes ein erschreckender Anblick. Es gibt aus den frühen Gesellschaften viele Belege dafür, dass die Menschen zutiefst verstört waren angesichts der Verdunkelung und des völligen Verschwindens der beiden Himmelskörper, die ihre Existenz zu beherrschen und zu gewährleisten schienen.
Seit dem dritten vorchristlichen Jahrtausend standen die Babylonier förmlich im Banne himmlischer Vorzeichen, insbesondere von Verfinsterungen. Dementsprechend nahmen diese Himmelsphänomene auch einen zentralen Platz in ihren religiösen Überzeugungen ein. Anders als die Ägypter, die sich kaum für die Dutzenden von Sonnenfinsternissen interessierten, deren Schattenbahnen während dieser Periode den Nil überquerten, waren die Babylonier dermaßen über Sonnen- und Mondfinsternisse beunruhigt, dass sie ausgeklügelte Verfahren entwickelten, um diese Vorgänge über sehr lange Zeiträume hinweg aufzuzeichnen. Während ihre Beobachtungs- und Aufzeichnungsmethoden unserer modernen mathematischen Astronomie durchaus ähneln, hatten sie gänzlich andere Beweggründe. J. J. Finkelstein erklärt dazu:

> Für die Bewohner Mesopotamiens war das ganze objektive Universum das entscheidende und vordringlichste Studienobjekt, ohne dass irgendein Selbst zwischen dem Beobachter und dem Beobachteten gestanden hätte … Wahrscheinlich war keine andere Kultur jemals so zielstrebig darauf bedacht, Informationen zu sammeln und zugleich jede Art von Verallgemeinerung oder Verkündung von Prinzipien zu vermeiden.

Der quasireligiöse Glaube der Babylonier an Weissagungen ist ein unerwarteter Ausgangspunkt für eine Suche nach den Anfängen der Astronomie. Eine Weissagung war der Versuch, den Willen der Götter in Erfahrung zu bringen, und für die Babylonier gleichbedeutend mit dem Versuch, ein künftiges Geschehen vorauszusagen. Sie glaubten sich ständig von einer Schar böser Dämonen umgeben, die Irrsinn, Krankheit, Unfälle und Tod verursachten. Um sich vor diesen Geistern zu schützen, trugen sie Amulette, hängten das Bild eines Gottes an ihre Türen und ließen Magier Beschwörungsformeln aufsagen. Darüber hinaus besaßen sie eine ausgefeilte Hierarchie von Priestern, die den Göttern Bittgebete darbrachten. Dies alles war nicht einfach hohler Aberglaube, sondern ein wesentlicher Teil babylonischen Denkens: Die Menschen glaubten, ihr ganzes Schicksal liege in der Hand der Götter. Erstaunlicherweise waren sie allerdings auch davon überzeugt, dass ihr Schicksal verhandelbar sei.
Die Weissagungsriten waren eine Möglichkeit, mit den Göttern zu kommunizieren, um ihren Willen zu erkennen und

womöglich zu ändern. Das Erkennen göttlicher Zeichen, wie man sie gewöhnlich in der Natur vorfand, war dabei ein erster Schritt. Bereits im dritten vorchristlichen Jahrtausend praktizierten die Babylonier die Eingeweideschau bei Tieren, um Hinweise der Götter auf künftiges Unheil zu finden. Üblicherweise nahm man dazu die Leber eines Schafes. Die Eingeweideschau wurde über viele Jahrhunderte in den Tempelschulen Babylons ausgeübt. Als religiöser Akt war sie ein Versuch, die Götter um Rat zu fragen, sie zu besänftigen, ihre Unterstützung zu erlangen und ihre Absichten in Erfahrung zu bringen. Die Götter Babylons waren »mitfühlend« und mochten zu dem Entschluss kommen, den göttlichen Willen noch abzuändern, so wie es ein irdischer König tun könnte. Nicht nur in den Eingeweiden von Schafen suchten die Priester nach Hinweisen auf ihr künftiges Schicksal, sondern auch im Verhalten von Vögeln und anderen Tieren, in dem Weg, den der aufsteigende Weihrauch nahm, und in den Mustern, die Öl auf Wasser erzeugte. Für uns wirken diese Weissagungen wie Vorläufer des Lesens aus dem Kaffeesatz.

Irgendwann im Laufe ihrer Geschichte begannen die Babylonier, nach Zeichen am Himmel Ausschau zu halten, wo nach ihrer Auffassung die Götter wohnten. Sie suchten ihr Schicksal an ungewöhnlichen Himmelsvorgängen zu erkennen – und einen ungewöhnlicheren Vorgang als eine Sonnen- oder Mondfinsternis gibt es nicht. Wie schon seltsame Muster in den Innereien eines Schafes waren seltsame Vorzeichen am Himmel nicht die Ursache einer bevorstehenden Heimsuchung, sondern eine Warnung, die das dazu passende Bittritual auslösen sollte. Der Übergang von der Eingeweideschau zu den Anfängen einer archaischen Astrologie vollzog sich freilich nicht über Nacht. So berichtet ein Wahrsager aus der Zeit um 1780 v. Chr. in einem Brief von einer Mondfinsternis, in der er ein böses Omen vermutet. Aus dem Brief geht jedoch auch hervor, dass der Mann der neuen Form der Himmelsweissagung noch nicht gänzlich vertraute und daher das Omen zur Sicherheit mit einer Eingeweideschau überprüfte.

Gleichwohl breitete sich die Praxis der Himmelsweissagung aus. So enthielt beispielsweise ein kurzes Handbuch über Himmelsvorzeichen aus der Zeit von Hammurabis Dynastie die folgende Anweisung: »Wenn der Gott Sin [der Mond] sich am Tag seines Verschwindens am Himmel verlangsamt [anstatt plötzlich zu verschwinden], gibt es Dürre und Hungersnot.« Obwohl man schon in altbabylonischer Zeit himmlische Vorzeichen zu erkunden begann, fand die eigentliche Entwicklung bei der Himmelsbeobachtung erst später statt, während des ersten vorchristlichen Jahrtausends, also in der Zeit des assyrischen Reiches.

Die Assyrer waren ein äußerst kriegerisches Volk, das in der Gegend um Assur im Tigris-Tal siedelte. Sie hatten das Geheimnis gelüftet, wie man Eisen schmilzt, um daraus Waffen herzustellen; Eisen ist ein härteres Metall als die von den Babyloniern verwendete Bronze. Mit diesem Vorteil ausgestattet, führten sie seit dem Beginn des ersten vorchristlichen Jahrtausends eine Reihe großer und oftmals grausamer Krie-

Abb. 2.2 Ninive, Hauptstadt Assyriens, die ummauerte Stadt am Tigris

ge, in denen sie den ersten babylonischen Staat zerstörten und ihre Grenzen bis nach Kleinasien und Armenien ausdehnten. Die neue Hauptstadt des Assyrerreiches war Ninive. Die Stadt war das politische Zentrum eines weit ausgedehnten Militärreiches und glänzte mit prachtvollen Bauten, die man allesamt aus dem überall zu findenden Ton und Lehm errichtet hatte. Als großes und wohlhabendes Handelszentrum behielt das nur wenige hundert Kilometer von Ninive entfernte Babylon zunächst noch seine Stellung als ehrwürdiger Sitz einer uralten Kultur. Im Jahre 689 v. Chr. zogen die Assyrer jedoch gegen diese bedeutende Stadt zu Felde und legten sie in Schutt und Asche. Sogar die Dämme, mit denen man den Lauf des Euphrat kontrollierte, wurden zerstört, wodurch ein Großteil der Stadt überflutet und das Gebiet in einen Sumpf verwandelt wurde.

Die Assyrer hatten von den Babyloniern die uralte und quasireligiöse Praxis der »Weissagung« übernommen und sich darüber hinaus die aus altbabylonischer Zeit stammenden Methoden der Beobachtung und Aufzeichnung der Bewegungen von Sonne und Mond zu Eigen gemacht. Auch ihre Herrscher begannen nun, Weissagungsexperten zu beschäftigen, die die Tradition der Aufzeichnung und Deutung von Sonnen- und Mondfinsternissen, von Konjunktionen des Mondes mit den Planeten, von Planetenbewegungen, Meteoren und Kometen fortsetzen sollten.

Nachdem die Assyrer das babylonische Weissagungsdenken aufgegriffen und ihre eigene Astrologie entwickelt hatten, gingen sie nun mit den ihnen eigenen Fähigkeiten der Organisation und Disziplin an die systematische Himmelsbeobachtung. So errichteten sie in der gesamten Region astronomische Observatorien in Verbindung mit Tempeltürmen. Damit begann ein in der antiken Welt bislang nicht gekanntes Programm zur Sammlung himmlischer Zeichen. Uns überlieferte Berichte aus dem Zeitraum 709–649 v. Chr. deuten nicht nur auf detaillierte Beobachtungen hin, sondern im Zusammenhang mit den unheilvollen Finsternissen auch auf Versuche zur Vorhersage. Dem Weissagungskult entsprechend konnte eine zutreffende Vorhersage die Gelegenheit eröffnen, bei den Göttern Fürbitte gegen die erwartete Gefahr einzulegen.

Während die Assyrer ihr Königreich mit Tod und Zerstörung

bis nach Kleinasien und nach Persien und Ägypten hinein ausdehnten, entwickelten die Priester und Schreiber in Ninive den von den heiligen Riten der Weissagung inspirierten astronomischen Kult weiter. Im Verlauf der 150 Jahre währenden Vormachtstellung des Reiches wurde eine Fülle an Beobachtungen und Vorhersagen aufgezeichnet und in der großen Bibliothek von Ninive gesammelt. Vom Assyrerkönig Assurbanipal erbaut, bewahrte die Bibliothek über 22 000 Tontafeln auf. Hunderte von Beobachtungstafeln wurden von den Beobachtungsorten zum Königspalast gesandt. Eine Keilschrifttafel aus dieser Zeit vermerkt: »Der König hat mir den Befehl erteilt: Beobachte und sage, was auch immer geschieht, weshalb ich dem König berichte, was mir als dem König günstig und wohlbedeutend und zuträglich erscheint, damit mein Herr davon wisse.«

Die Härte und Grausamkeit der Assyrer führte schließlich dazu, dass die von ihnen Unterworfenen rebellierten. Vom Norden her griffen die Meder an, vom Süden die Chaldäer. Nach einer schrecklichen Belagerung wurde die Hauptstadt Ninive 612 v. Chr. im Sturm genommen und die große Bibliothek zerstört. Dies war das Ende des assyrischen Reiches, das anderthalb Jahrhunderte lang den Fruchtbaren Halbmond zwischen Euphrat und Tigris beherrscht hatte. Es ist eine der Ironien der antiken Geschichte, dass die Tontafeln nur deshalb erhalten blieben, weil die großartige Bibliothek völlig zerstört wurde – sie wurden unter den einstürzenden Mauern des Gebäudes begraben.

Die Chaldäer übernahmen nach der Niederlage der Assyrer

die Herrschaft und machten die alte Hauptstadt Babylon zum Zentrum ihres Reiches. In der Wissenschaftsgeschichte sind die Chaldäer vor allem wegen ihrer obsessiven Beschäftigung mit der Himmelsbeobachtung und Vorhersage bekannt, die sie von den Babyloniern geerbt hatten. Vorsichtigen Schätzungen zufolge haben diese Menschen im Verlauf ihrer Geschichte 373 Sonnen- und 832 Mondfinsternisse beobachtet – in Anbetracht der Seltenheit dieser Himmelsphänomene eine höchst eindrucksvolle Leistung.

Noch in der Zeit der assyrischen Oberherrschaft wurden seit dem Amtsantritt des Chaldäerkönigs Nabonassar Mitte des 8. Jahrhunderts zum ersten Mal systematisch genaue historische Aufzeichnungen getätigt. Eine Legende besagt aber auch, Nabonassar habe sämtliche Zeugnisse früherer Könige von Babylon vernichten lassen, damit die Dynastie der Chaldäer mit ihm begann. Dieser Neuanfang war derart gründlich, dass Jahrhunderte später der griechische Astronom und Geograph Ptolemäus seine Geschichte der babylonischen Könige nur mit diesem Datum beginnen konnte; er datierte ihn sogar genau auf den Mittag des 26. Februar 747 v. Chr.

Dieser Tag markiert auch einen bedeutenden Anfang in der Geschichte der Astronomie, denn von da an zeichneten die Chaldäer regelmäßig überaus exakte astronomische Beobachtungen auf. Das Motiv für diese Aufzeichnungen war auch weiterhin in erster Linie ein astrologisches, doch nahmen die Beobachtungen allmählich einen Charakter an, den man nur als wissenschaftlich bezeichnen kann.

Die astronomischen Texte – Aufzeichnungen von Beobachtungen und Vorhersagen – belegen, dass in Babylon in den Jahrhunderten der Vorherrschaft der chaldäischen Dynastien und sogar noch in späteren Zeiten des Niedergangs regelmäßig und mit wenigen Verfahrensänderungen Himmelsbeobachtungen angestellt wurden. Heutige Wissenschaftler schätzen, dass dieses Beobachtungsprogramm rund achthundert Jahre lang, also bis in die Zeit nach Christus, kontinuierlich fortgeführt wurde. Der jüngste erhaltene astronomische Text, ein aus zeitgenössischen Beobachtungen zusammengestellter Kalender, datiert aus dem Jahre 75 n. Chr. Somit verfügen wir für den Zeitraum von etwa 750 v. Chr. bis 75 n. Chr. über ein Archiv dessen, was die Beobachter von Babylon am Himmel gesehen und auf Tontafeln aufgezeichnet haben.

Um die Größe dieser Leistung einschätzen zu können, stelle man sich nur ein entsprechendes Beobachtungsprojekt auf Schloss Windsor vor, mit dem man in etwa in der Zeit des Baus dieses Schlosses im frühen 13. Jahrhundert begonnen hätte. Es war die Zeit von Richard Löwenherz und der Magna Carta. Wollten die »Archive« von Windsor die Kontinuität der babylonischen erreichen, müssten die Himmelsbeobachtungen noch heute andauern. Sie wären in der Herrschaftszeit der Plantagenets und während der Rosenkriege betrieben worden, in elisabethanischer Zeit und zur Zeit der spanischen Armada, während des Bürgerkrieges und der Restaurationsepoche. Vielleicht hätte im späten 17. Jahrhundert der König-

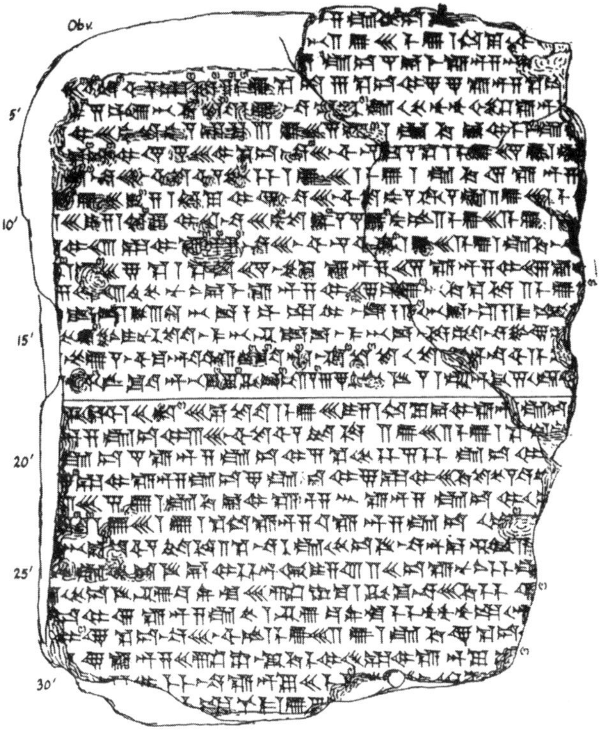

Abb. 2.3 Ein babylonischer Keilschrifttext: ein astronomisches Tagebuch aus dem Jahre 164 v. Chr. (Britisches Museum)

liche Astronom die Beobachtungen übernommen, und Isaac Newton und Edmond Halley hätten sie überprüft. In der Zeit Königin Victorias wären sie gewiss von Prinz Albert beaufsichtigt worden, der sich für die Naturwissenschaften begeisterte und sich um große nationale Projekte kümmerte. Und im 20. Jahrhundert wären die Priesterastronomen während des Ersten Weltkrieges vom Wehrdienst befreit gewesen, hätten die Angriffe der deutschen Luftwaffe überlebt und sogar die Feierlichkeiten am Übergang in das neue Jahrtausend überstanden.

Die für dieses bemerkenswert gut organisierte Programm verantwortlichen Priester und Gelehrten hießen Babylons Wächter. Ihr eigentliches Motiv für die Himmelsbeobachtung war zweifellos astrologischer Natur – sie verallgemeinerten die Beobachtungen, um Kalender herzustellen, die man dann für astrologische Vorhersagen verwendete. Im Verlauf der Jahrhunderte wurden allerdings mathematische Modelle entwickelt, mit deren Hilfe man Beobachtungen aus der Vergangenheit nachvollziehen und zukünftige Bewegungen von Himmelskörpern vorhersagen konnte, und auf diese Weise gewann der astrologische Kult mehr und mehr Ähnlichkeit mit der Astronomie.

ENTDECKUNGEN DER SPÄTBABYLONISCHEN ASTRONOMIE

Ein weiterer Aspekt der Astronomie der Chaldäer war, dass sie auf ihren gewaltigen Katalog von Himmelsbeobachtungen zurückgreifen konnten. Während die Wächter auch weiterhin den Himmel nach Vorzeichen absuchten, vermochten die Astronomen durch das Studium der Aufzeichnungen eine mathematische Theorie zu entwickeln. Ihre Analyse uralter Beobachtungsberichte ließ sie die Möglichkeit erkennen, Modelle der Bewegungen von Sonne und Mond zu erstellen. Diese Modelle würden Astronomen in die Lage versetzen, künftige Himmelserscheinungen vorauszusagen. Dafür, soviel wurde den Chaldäern klar, bedurften sie allerdings bei ihren Beobachtungen einer größeren Genauigkeit. Bereits um 1000 v. Chr. hatten ihre Schreiber 18 Konstellationen erkannt, Sterngruppen, die erkennbare Muster am Himmel bildeten. Um 500 v. Chr. hatte man diese Konstellationen systematisiert und – einzeln oder mitunter auch in Paaren – mit den zwölf Mondmonaten identifiziert, in deren Verlauf Sonne, Mond und Sterne über das Firmament ziehen. So hatte etwa der zweite Monat des babylonischen Jahres, der bei uns der Zeit zwischen Mitte April und Mitte Mai entspricht, die Symbole sowohl des Stiers wie der Pleiaden, der dritte Monat die der Zwillinge und des Orion und der zwölfte Monat die des Fisches und des Pegasus.

Um für die Erstellung astronomischer Tagebücher und Beobachtungen zu festen Abgrenzungen zu gelangen, wurde die Ekliptik, die Umlaufbahn der Sonne, in zwölf gleiche Abschnitte von je 30 Grad unterteilt. Man nannte dies den Zodiacus nach dem Wort für »Tier« – die meisten Zodiacusfiguren sind Tiere oder Menschen. Der erste Beleg für die Verwendung dieses Zodiacus in einem Tagebuch stammt aus dem Jahre 464 v. Chr., und um 400 v. Chr. waren die Tierkreiszeichen eindeutig festgelegt; den Anfang machte Widder für den ersten Monat, der sich von Mitte März bis Mitte April erstreckte. Dieses System der Tierkreiskonstellationen besteht bis heute weitgehend unverändert fort, sowohl in der Wissenschaft der Astronomie wie in der Pseudowissenschaft der Astrologie.

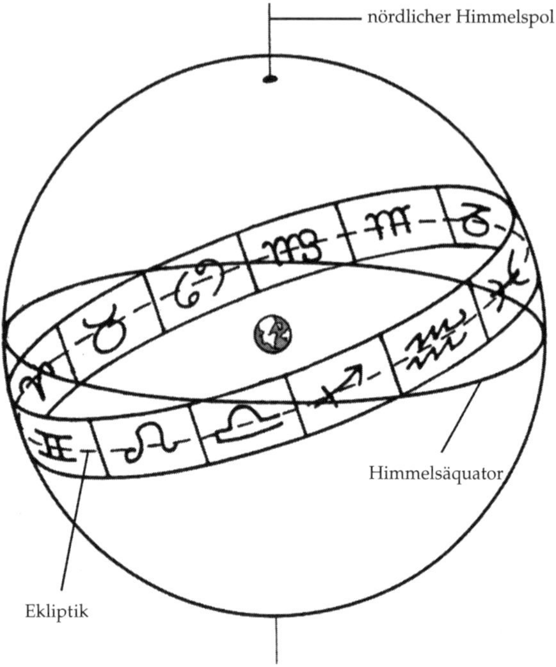

Abb. 2.4 Der Tierkreis: ein Band von Gestirnskonstellationen entlang der Ekliptik, das von den Babyloniern herrührt.

Man würde wohl erwarten, dass Chronisten, die über viele Jahrhunderte hinweg jede Sonnen- und jede Mondfinsternis aufzeichneten, dabei ganz selbstverständlich nach Mustern Ausschau hielten. Dies hätte ihnen das Mittel an die Hand gegeben, die unheilvollsten Vorkommnisse am Himmel vorherzusagen. Doch erst in der hellenistischen Epoche, also seit dem 4. vorchristlichen Jahrhundert, begannen die chaldäischen Astronomen mit Hilfe früherer Berichte und Tagebücher nach sich wiederholenden Zyklen zu suchen.

Durch ihr Studium früherer Finsternisse konnten sie eine

Reihe von Regeln zur Vorhersage von Mondfinsternissen zusammenstellen. So bemerkten sie beispielsweise, dass es in einem Zeitraum von weniger als sechs Monaten nie zu zwei Mondfinsternissen kommt. Außerdem entdeckten sie, dass bei einem Abstand von sechs Monaten zwischen zwei Mondfinsternissen sechs Monate später eine dritte folgen wird. Dies geschah ziemlich häufig. Falls eine Mondfinsternis in einer erwarteten Serie nicht eintrat, so konnte sie sich tagsüber ereignet haben, wenn der Erdschatten auf dem Vollmond nicht sichtbar gewesen wäre. Folglich ist die Serie nicht unterbrochen, und eine andere Finsternis kann sechs Monate später eintreten. Wird eine Mondfinsternis ein Jahr oder noch später nach der letzten beobachtet und einen Monat früher, als es auf Grund der letzten, nun unterbrochenen Serie zu erwarten gewesen wäre, dann gilt sie als die erste Finsternis einer neuen Serie.

Die so beschriebene kurze Serie ist Bestandteil eines länger währenden Verlaufsmusters, das 18 Jahre umspannt. Innerhalb des 18-Jahre-Zyklus gibt es fünf solcher kurzen Serien, denen eine sechste folgt, die der ersten sehr ähnlich ist. Mit ihr beginnt ein neuer 18-Jahre-Zyklus. Dank dieser Richtwerte fand man für Mondfinsternisse einen 18-Jahre-Zyklus heraus. Dieser Zyklus wird mit dem babylonischen Wort für »wiederholend« als ein Saros bezeichnet, auch wenn die Babylonier selbst den Ausdruck in diesem Kontext nicht verwendeten.

Ein Mondfinsterniszyklus ist naturgemäß sehr viel leichter zu entdecken als ein Zyklus von Sonnenfinsternissen. Das hat einen sehr einfachen Grund: Eine Mondfinsternis, die eintritt, wenn der Erdschatten auf den Mond fällt, ist von jedem Punkt der Erdoberfläche aus zu sehen, an dem der Mond über dem Horizont steht. Sonnenfinsternisse sind seltener zu sehen.

In Anbetracht der Tatsache, dass es häufig im Abstand von 14 Tagen zu einer Mond- und einer Sonnenfinsternis kommt, könnten die chaldäischen Astronomen des 4. vorchristlichen Jahrhunderts durchaus auf den Gedanken gekommen sein, dass auch bei den Sonnenfinsternissen ein solcher 18-Jahres-Zyklus existiert. Es gibt aber noch eine andere Theorie darüber, wie sie das entdeckt haben könnten. Darauf verweist Tabelle 2A, die bestimmte Sonnenfinsternisse auflistet, die im 8. und 7. vorchristlichen Jahrhundert von assyrischen Astronomen beobachtet wurden. Die Magnitude einer Sonnenfinsternis ist der Bruchteil der vom Mond verdeckten Sonnenscheibe. Die Daten lassen erkennen, dass alle diese Sonnenfinsternisse 54 Jahre früher einen Vorläufer hatten.

Sobald dieses Muster erst einmal aufgefallen war, lag die Vermutung nahe, dass sich die Zahl 54 aus einer Kombination kleinerer Serien innerhalb des 54-Jahre-Zyklus ergab, etwa von 2 x 27 oder 3 x 18 Jahren. (Im folgenden Kapitel wird erklärt, weshalb die Babylonier zwar am selben Längengrad einen 54-Jahre-Zyklus direkt beobachten konnten, nicht aber einen 18-Jahres-Zyklus.)

Die aus der Sicht der Wissenschaftsgeschichte bedeutendste Leistung des ganzen Unterfangens war jedoch, wie die Babylonier das Problem der Bewegungen von Sonne und Mond lösten. Zweifellos ergab sich diese Lösung aus einer Reihe von Problemen, die mit der Entwicklung des Kalenders zu tun hatten. Bei den Babyloniern fiel der Beginn eines neuen Monats üblicherweise auf den Tag nach Neumond, wenn

	Datum	Magnitude
	9. Dez. 744	0,80
	15. Mai 733	0,22
	10. Dez. 717	0,56
	14. März 711	0,66
54	5. Mai 705	0,46
Jahre	19. Okt. 704	0,86
	5. März 702	0,68
	10. Okt. 695	0,36
	28. Juli 691	0,53
	18. Juli 690	0,29
	11. Jan. 689	0,83
	17. Juni 679	0,68
	12. Jan. 662	0,97
	27. Juni 661	0,93
	15. April 657	0,84
54	7. Juni 651	0,72
Jahre	21. Feb. 650	0,93
	6. April 648	0,77
	11. Nov. 641	0,86
	29. Aug. 637	0,61
	19. Aug. 636	0,67
	12. Feb. 635	0,88

Tabelle 2A 744–635 *v. Chr. in Ninive aufgezeichnete Sonnenfinsternisse*

nach Sonnenuntergang erstmals wieder die Mondsichel am Himmel erscheint. Ursprünglich legte man diesen Tag auf Grund von Beobachtung fest, aber später wollte man ihn vorausberechnen. Um 400 v. Chr. lag bereits eine ausreichende Menge an Beobachtungen der Sonnen- und Mondbewegungen durch den Tierkreis vor, um zu wissen, dass diese Himmelskörper keine konstante Geschwindigkeit aufwiesen. Jeweils die Hälfte ihres Umlaufs schienen sie sich mit zunehmender Geschwindigkeit fortzubewegen, bis ein bestimmtes Maximum erreicht war, um danach ihre Geschwindigkeit auf ein messbares Minimum zu reduzieren.

Heute weiß man, dass die Anziehungskraft eines Körpers auf einen in einer Umlaufbahn befindlichen Himmelskörper eine charakteristische elliptische Bahn bewirkt, auf der sich der bewegende Körper immerzu beschleunigt oder verlangsamt. Die Babylonier versuchten zunächst, diesen Zyklus arithmetisch darzustellen, und gaben dazu dem Mond für jede Hälfte seiner Bahn jeweils eine feste Geschwindigkeit. Später verfielen sie auf eine ausgefeiltere mathematische Methode, die die stetige Geschwindigkeitszunahme des Mondes bis zum Maximum während einer Hälfte seines Zyklus und danach die Verlangsamung bis zum Minimum während der zweiten Hälfte berücksichtigte.

Mit Hilfe ihrer Berechnungen der Mond- und Sonnenmonate konnten babylonische Astronomen den Zeitpunkt des Neumonds ebenso voraussagen wie den Tag, an dem der neue Monat endete. Sie kannten die täglichen Positionen von Mond und Sonne an jedem Tag des Monats. Das war nun echte mathematische Wissenschaft, die während der Seleukidenzeit im 2. vorchristlichen Jahrhundert, als die Astronomen aus der alten Stadt Babylon fortzogen, ihre schöpferischste Phase erreichte. Jetzt konnte man die Voraussagen astronomischer Grunddaten auf mathematische Modelle reduzieren und war nicht mehr hauptsächlich auf Beobachtungen angewiesen. Obwohl dies zu sehr präzisen Vorhersagen führte, formulierten die Babylonier überraschenderweise nie irgendein geometrisches Modell des Kosmos, das ihre Berechnungen hätte stützen können. Stattdessen löste man die Probleme auf arithmetischem Wege, ohne Rückgriff auf eine Kosmologie von der Art, wie sie die Griechen entwickelten; dazu kam es erst, als sich nach den Eroberungen Alexanders des Großen die babylonische und die griechische Astronomie miteinander verbanden.

Dank weiterer Untersuchungen hatten die babylonischen Schreiber gelernt, Ephemeriden zu erstellen – Tabellen der künftigen Positionen von Sonne, Mond und Planeten. Dabei setzten sie nicht nur die verfügbaren systematischen Aufzeichnungen über sorgfältig durchgeführte Himmelsbeobachtungen ein, sondern auch ihr Sexagesimalsystem und ihre mathematischen Kenntnisse, um den größtmöglichen Nutzen aus den Zyklen zu ziehen, auf die sie in ihren Beobachtungsberichten gestoßen waren. Nachdem man die Ephemeriden erst einmal vervollständigt hatte, konnten die Astrologen Voraussagen auch ohne Beobachtungen und unter allen Wetterbedingungen treffen. Wie bedeutsam diese neue Form von schriftlichen Informationen über ein zukünftiges Geschehen für die Zukunft von Astronomie, Meteorologie, Navigation und dergleichen war, muss nicht eigens betont werden.

DER NIEDERGANG BABYLONS

Während dieser Zeit wichtiger Entwicklungen auf dem Gebiet der Astronomie büßte die in Babylon herrschende Dynastie der Chaldäer die politische Vormachtstellung ein. Nachdem ihr Reich nicht einmal ein Jahrhundert bestanden hatte, wurde es 538 v. Chr. von einem mächtigen Bündnis zwischen Medern und Persern zu Fall gebracht und Babylon dem Perserreich unter Kyros dem Großen einverleibt. Die Zeit eines selbstständigen mesopotamischen Königreichs war vorüber. Die astronomischen Beobachtungen aber liefen weiter.

Im Verlauf der mehr als zweihundertjährigen persischen Herrschaft verbesserte die babylonische Astronomie die Genauigkeit ihrer Beobachtungen und mathematischen Vorhersagen kontinuierlich weiter. Mit der Eroberung des Perserreichs durch die Armeen Alexanders des Großen im Jahr 330 v. Chr. fiel Babylon ein weiteres Mal unter eine neue Herrschaft, und nun begann mit der Zeit des Hellenismus eine der bedeutendsten Perioden kultureller Durchdringung in geschichtlicher Zeit. Alexander hatte sich vorgenommen, Babylon etwas von seinem einstigen Glanz zurückzugeben, indem er die Stadt zu seiner östlichen Hauptstadt machte. Unglücklicherweise starb er dort bereits sieben Jahre später, im Jahre 323 v. Chr., im Palast Nebukadnezars II. Keine fünfzig Jahre nach Alexanders Tod ordnete der griechische Herrscher Antiochos I. an, dass ein Großteil der Einwohner Babylons in die hundert Kilometer nördlich gelegene, neu gegründete Hauptstadt Seleukid umziehen müsse. Die alte Stadt erholte sich nie mehr von diesem Transfer ihres geistigen und politischen Kerns, obgleich die hellenistische Herrschaft bis weit in das 2. vorchristliche Jahrhundert hinein währte. In Seleukid wurde die babylonische Astronomie durch eine hoch entwickelte Form der griechischen Astronomie verdrängt. Ein Aspekt dieser Entwicklung war die Hypothese des Aristarchos von Samos, wonach die tägliche Bewegung am Himmel durch die Annahme zu erklären sei, dass die Erde sich alle 24 Stunden ein Mal um ihre Achse dreht und zusammen mit den anderen Planeten die Sonne umkreist. Diese heliozentrische Erklärung wurde jedoch von den meisten zeitgenössischen griechischen Philosophen verworfen, die nicht glauben mochten, dass die große schwere Erde sich um die leichten Körper am Himmel drehen könne. Das von der Himmelskugel begrenzte geozentrische System blieb für weitere zweitausend Jahre nahezu unangetastet bestehen.

So gelangte die über zwei Jahrtausende entwickelte babylonische Kultur der Himmelsbeobachtung an ihr Ende. Begonnen hatte sie aus einem Bedürfnis nach Weissagung, das Anstoß zu einer geradezu obsessiven Beobachtung und Aufzeichnung himmlischer Vorzeichen gewesen war. Dies wiederum führte zur mathematischen Nachbildung und zur

Entdeckung der Saros-Serien, wodurch eine Methode zur Verfügung stand, mit der man vorhersagen konnte, wann eine Finsternis stattfand. Die babylonische Astronomie liefert uns folglich ein modellhaftes Beispiel für naturwissenschaftlichen Fortschritt. Auch wenn ihr Ursprung in abergläubischen Vorstellungen der Astrologie lag, erwuchs daraus eine Methodik, die gleichsam jene Konzepte und Verfahren vorwegnahm, die in der wissenschaftlichen Welt von heute Anwendung finden.

Die Ehe zwischen Astrologie und Astronomie hat eine ganz eigentümliche Geschichte gehabt. In der babylonischen Epoche war die gewaltige Ansammlung von Himmelsdaten ohne Frage dazu gedacht, die Bedürfnisse des Herrschers wie des gemeinen Volkes nach astrologischer Weissagung zu befriedigen. Über viele Jahrhunderte hinweg, vor allem aber während des späten 1. Jahrhunderts v. Chr., wurden diese Daten mehr und mehr von Schreibern und Priestern gesammelt, die man eigentlich nur als Astronomen bezeichnen kann.

Nie hatten die Babylonier etwas für die heutzutage populäre Form der Astrologie übrig, die auf der geometrischen Kosmologie der Griechen basiert. Darin liefern das Modell der Himmelskugel und der Tierkreis einen Rahmen, innerhalb dessen man aus alten Mythen und Legenden Deutungen von Persönlichkeitsmerkmalen für Horoskope und Geburtstabellen bezieht. Für die babylonische Astrologie waren die Konstellationen am Himmel nicht das letzte Wort: Stets gab es noch die Hoffnung, vorhergesagte schlimme Ereignisse könnten doch noch vermieden werden. Eine solche Philo-

sophie unterschied sich demnach stark von jener Art Astrologie, wie sie von den Griechen ererbt wurde und heute Anwendung findet.
Der Wandel von der Prophezeiung hin zu der uns vertrauteren griechischen Astrologie lässt sich hauptsächlich auf zwei wichtige Schriften aus dem antiken Griechenland zurückführen – auf Platons *Timaeus* und Ptolemäus' *Tetrabiblos*. Seither lieferte die klassische Astrologie eine naturalistische Begründung für Geburtshoroskope und markierte so die Trennung zwischen der Astrologie als Weissagung (Babylon) und der Astrologie als Naturwissenschaft (Griechenland). Die griechische Astrologie spaltete sich schließlich ab und entwickelte sich zur Wissenschaft der Astronomie. Bedauerlicherweise wird diese Tatsache von der Wissenschaftsgeschichte nicht positiv bewertet, zweifellos eine Reaktion auf die absurden Ansprüche von Astrologen bei ihrer Deutung von Geburtstabellen und Horoskopen, die aus Sicht des naturwissenschaftlichen Denkens vollkommen unhaltbar sind.
Es ist so gut wie sicher, dass ohne den Einfluss der Astrologie in der Antike keine astronomischen Beobachtungen angestellt worden wären. Auch wenn heutige Astronomen und sonstige Naturwissenschaftler den gesamten Ansatz verabscheuen, sollten sie doch zugestehen, dass diese absurde Pseudowissenschaft zumindest einen positiven Beitrag zur Geschichte der Wissenschaften geleistet hat.

DIE ERDROTATION

Es ist interessant zu beobachten, wie heutige Wissenschaftler in der astronomischen und geologischen Forschung von den babylonischen Aufzeichnungen Gebrauch machen. Ein Beispiel für dieses Erbe ist die Neubestimmung der Frage, inwieweit sich die Rotationsgeschwindigkeit der Erde verändert. Wer hätte es je für möglich gehalten, dass der Bericht eines Astronomen oder Schreibers über eine im Jahre 136 v. Chr. in Babylon beobachtete Sonnenfinsternis einen modernen Physiker in die Lage versetzt, 22 Jahrhunderte später den Rückgang der Drehgeschwindigkeit der Erde exakt zu messen? Aber genau dies ist geschehen.

Dass sich die Erdrotation verlangsamt, ist bekannt. Grund dafür sind die Kräfte, die der Mond durch Ebbe und Flut auf die Erde ausübt. Die Verminderung der Rotationsgeschwindigkeit der Erde hat eine entsprechende Verlängerung der Tagesdauer um 2,3 Millisekunden pro Jahrhundert zur Folge. Viele Archäologen, die auf dem Gebiet der heutigen Astronomie arbeiten, haben sich nun zum Ziel gesetzt, mit Hilfe der aus der Antike stammenden Aufzeichnungen über Himmelsereignisse zu einer Messgröße der Rotationsrate zu gelangen, die ohne den Rückgriff auf irgendeine Theorie auskommt. Eine vor Tausenden von Jahren an einem bestimmten Punkt der Erde beobachtete Finsternis ließe sich mit einer heutigen Computerprojektion derselben Finsternis vergleichen, bei der man eine über die Zeiten hin konstante Rotationsgeschwindigkeit zu Grunde legt. Jegliche Abweichung

4,3 ° westliche Länge

44,5 ° östliche Länge

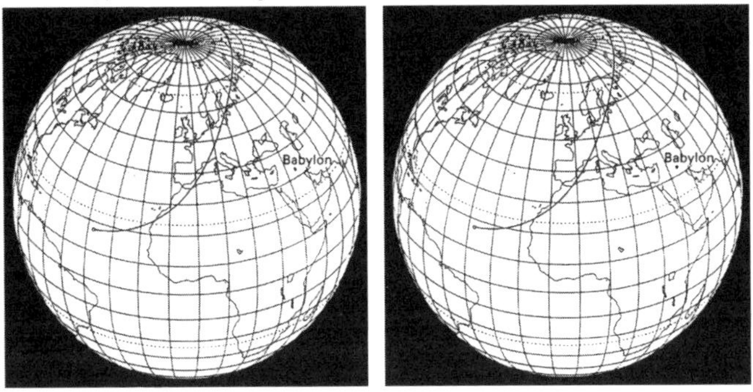

Abb. 2.5 Langfristige Veränderungen der Erdrotation, dargestellt anhand einer Bahnkorrektur der im Jahre 136 v. Chr. in Babylon beobachteten Sonnenfinsternis. Babylon liegt auf 32,5 Grad nördlicher Breite.

der beiden Schattenbahnen erforderte eine Korrektur, die wiederum, so hoffte man, die experimentell bestimmte Größe der Verlangsamung der Erdrotation bestätigen würde. Der an der Universität von Durham tätige Wissenschaftler F. R. Stephenson hat seit Jahren die in Keilschrift auf Tontafeln aufgezeichneten Beobachtungsdaten babylonischer Astronomen untersucht. 1998 gelang es ihm, ein exaktes Datum im Jahre 136 v. Chr. zu benennen, für das eine Sonnenfinsternis in der antiken Stadt Babylon verzeichnet wurde. Diesen Bericht verglich er mit einer Bahnberechnung derselben Sonnenfinsternis, die er mit Hilfe moderner Computertechnik angestellt hatte. Für diese Berechnung hatte er angenommen, dass es keine Verlangsamung der Erdrotation gegeben hat – dass also die Drehgeschwindigkeit vor zwei Jahrtausenden dieselbe war wie heute.

Das Ergebnis war eine Schattenbahn der Sonnenfinsternis, die das alte Babylon um ein beachtliches Stück verfehlte. Ohne eine Korrektur, die die Verlangsamung der Erde berücksichtigt, kreuzt die Schattenbahn den Breitengrad von Babylon (32,5 Grad N) bei einer Länge von 4,3 Grad W (siehe Abbildung 2.5). Um die Bahn der Sonnenfinsternis nach Babylon, den Beobachtungsort, auf 44,5 Grad östlicher Länge zurückzubringen, ist eine Korrektur erforderlich. Es handelt sich sogar um eine erhebliche Korrektur, nämlich um fast 50 Längengrade, die sich mit großer Genauigkeit durchführen lässt. Aus der gemessenen Veränderung ergibt sich eine Verlängerung der Tagesdauer um 1,7 Millisekunden pro Jahrhundert. Mit anderen Worten, die Erde verlangsamt sich nicht so schnell, wie es die Gezeitentheorie voraussagt, die 2,3 Millisekunden pro Jahrhundert angibt. Es muss also eine weitere Komponente geben, die die Erddrehung beschleunigt und die Länge eines Tages um 0,6 Millisekunden pro Jahrhundert verkürzt. Man nimmt an, dass diese Komponente sich aus der Verminderung der Erdrundung seit der letzten Eiszeit ergibt, aus dem Abflachen ihrer kugelförmigen Gestalt – eine Vermutung, zu der auch jüngste Satellitenmessungen passen.

Die Abertausenden verstaubter Keilschrifttafeln im British Museum – Ergebnis der Bemühungen unserer Vorfahren, die Götter zu besänftigen – könnten durchaus noch weitere Geheimnisse einstiger Himmelskonfigurationen enthalten.

DER SAROS-ZYKLUS: DER 6585-TAGE-ZUFALL

Ohne eine weit verbreitete instinktive Gewissheit
vom Bestehen einer Ordnung der Dinge
gibt es keine lebendige Naturwissenschaft.
Alfred North Whitehead

Naturwissenschaftler sind ständig auf der Suche nach Ordnung. Wiederholbarkeit, Voraussagbarkeit und Einfachheit sind die Ingredienzen von Naturwissenschaft. Obwohl schöpferische Intuition, Vermutungen und Glück darin eine Rolle spielen, besteht die Naturwissenschaft doch größtenteils aus kühlem logischem Denken. Sehen sich Naturwissenschaftler mit experimentellen Beobachtungsergebnissen konfrontiert, die ihnen chaotisch vorkommen und kein erkennbares Muster aufweisen, verlieren sie in der Regel das Interesse. Sie wissen nämlich, dass sie bei nicht reproduzierbaren Messungen an einem physikalischen System – etwa den Positionen eines sich bewegenden Objekts – nur geringe Aussichten haben, die Daten mathematisch zu verarbeiten und zu sinnvollen Ergebnissen zu gelangen. (»Reproduzierbar« bedeutet, dass man zu sehr ähnlichen Werten kommt, wenn man die gleichen Messungen an einem anderen, identischen System vornimmt.) Für die meisten Naturwissenschaftler ist es schon rätselhaft, weshalb man mit Mathematik geordnete Phänomene in der Welt der Physik simulieren kann. Bei ungeordneten Naturphänomen käme es ihnen geradezu wie ein Wunder vor.

DIE TAGE ZÄHLEN

Abbildung 3.1 zeigt die Bahnen aller totalen und ringförmigen Sonnenfinsternisse, die zwischen dem 29. Mai 1919 und dem 12. Oktober 1939 in der südlichen Hemisphäre stattgefunden haben, aus der Perspektive von oberhalb des Südpols. Es fällt schwer, in diesen Bahnverläufen irgendeine Ordnung zu entdecken; die Verteilung ist ungleich, und die Bahnen weisen sehr unterschiedliche Längen auf. Diese Unordnung ist eigentlich überraschend. Finsternisse entstehen dadurch, dass Erde, Mond und Sonne sich im Verlauf ihrer stetigen Bewegung in vorhersagbaren Umlaufbahnen vorübergehend auf einer Linie befinden. Diese Bewegung lässt sich mit Hilfe einer simplen Reihe von Gesetzen und einer einzigen Gleichung beschreiben, nämlich Newtons allgemeinem Gravitationsgesetz. Bei einer regelmäßigen Umlaufbewegung würde man eigentlich ein regelmäßiges Muster bei den Sonnenfinsternissen, eine grundlegende Ordnung erwarten. Die Karte erweckt jedoch nicht diesen Eindruck.

Zwar ist die Regelmäßigkeit nur mit Mühe zu finden, aber dennoch vorhanden. Wie wir im letzten Kapitel gesehen haben, stehen Finsternisse in einer Verwandtschaft mit ande-

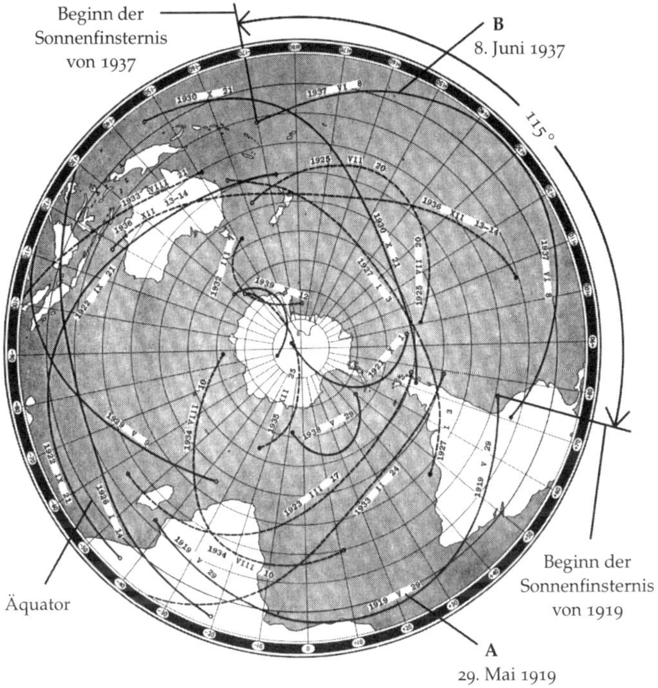

Abb. 3.1 Totale Sonnenfinsternisse, 1919–1939, von oberhalb des Südpols aus gesehen

ren, die im Abstand von ungefähr 18 Jahren im Verlauf eines langen Zyklus in Erscheinung treten, der – nach dem babylonischen Wort für »wiederholend« – ein Saros genannt wird. Der Begriff wurde erstmals im 10. Jahrhundert von einem Griechen namens Suidas verwendet, um einen der periodischen Zyklen des Mondes zu bezeichnen. Später übernahm ihn Edmond Halley für den 18-Jahre-Zyklus von Mondfinsternissen, den die Babylonier 400 v. Chr. entdeckt hatten. Halley, ein englischer Astronom des 17. Jahrhunderts, der sich

für antike Schriften interessierte, wollte damit die von diesem alten Volk gemachte Entdeckung würdigen. Seitdem gebraucht man den Begriff sowohl für Sonnen- wie auch für Mondfinsterniszyklen von 18-jähriger Dauer.
Da die von Abbildung 3.1 erfasste Zeitspanne nur zwanzig Jahre beträgt, können in ihr nur ein oder zwei Sonnenfinsternis-Paare wiedergegeben sein, die im Abstand von 18 Jahren aufeinander folgten. Ein solches Finsternispaar aus ein und derselben Saros-Serie ist auf der Karte markiert: A bezeichnet die Sonnenfinsternis vom 29. Mai 1919 und B diejenige vom 8. Juni 1937. Beide weisen ähnliche Charakteristika auf. Vor allem haben ihre Bahnen eine ähnliche Länge und Form, auch wenn ihre jeweiligen Ausgangspunkte um etwa 115 Längengrade versetzt sind. Auch die Dauer der Totalität und die Breite des Mondschattens waren bei beiden Sonnenfinsternissen ähnlich. Das alles sind nachdrückliche Hinweise darauf, dass verwandten Finsternissen innerhalb derselben Serie ein gemeinsames Muster zu Grunde liegt.
Der exakte zeitliche Abstand zwischen den beiden Finsternissen lässt sich ganz einfach ermitteln, indem man die Anzahl der Tage zwischen ihnen auszählt. Dabei sind Schaltjahre zu berücksichtigen – die Jahre 1920, 1924, 1928, 1932 und 1936 hatten jeweils 366 Tage. Die Zeitspanne von 18 Jahren und 11 Tagen ergibt insgesamt 6585 Tage. Damit stellt sich nun die Frage, ob es für diese »magische« Zahl von 6585 Tagen zwischen aufeinander folgenden Sonnenfinsternissen irgendeine tiefer gehende Erklärung gibt.
Heutzutage sind sämtliche Details über die Umlaufbahnen

von Mond und Erde bekannt: ihre elliptischen Bahnen, die Rotation der Knotenlinie und die Intervalle zwischen den verschiedenen Mondphasen. Darum lässt sich auch der Grund für die Existenz des Saros-Zyklus demonstrieren. Darüber hinaus kann man die Verwandtschaft einer Finsternis mit einer anderen innerhalb desselben Zyklus ebenso erklären wie die Verschiebung in geographischer Länge und Breite von aufeinander folgenden Finsternissen derselben Serie. Schließlich ist es sogar möglich, die Wanderung einer Saros-Serie über den Globus vorherzusagen sowie die Dauer einer Saros-Serie und die Anzahl ihrer Finsternisse abzuschätzen. Dazu müssen wir noch einmal auf einige Definitionen der unterschiedlichen Zyklen von Sonne und Mond und auf den Begriff der Ekliptikgrenze zurückkommen, denen wir schon in Kapitel 1 begegnet sind.

Der Saros resultiert aus einem bemerkenswerten Zufall in der Natur, insbesondere, was die Umlaufbahnen von Erde und Mond betrifft. Aus keinem ersichtlichen physikalischen Grund entsprechen 223 synodische Monate (ein synodischer Monat ist die Zeitspanne zwischen zwei Neumonden) zeitlich fast genau 19 Finsternisjahren, wobei ein Finsternisjahr die Zeitspanne bezeichnet, welche die Sonne benötigt, um von einem Durchgang durch einen Knoten auf der Mondbahn rund um die Ekliptik wieder zu demselben Knoten zu gelangen. Damit es zu einer Sonnenfinsternis kommt, müssen zwei Bedingungen erfüllt sein: Der Mond muss sich in der Neumondphase und die Sonne muss sich in der Nähe eines Mondknotens befinden. Die annähernde Entsprechung der beiden entscheidenden Zyklen gewährleistet, dass Sonne und Mond ihre Konfigurationen wiederholen. Ebendiese Entsprechung erzeugt den Saros-Zyklus, also die Zeitspanne zwischen zwei verwandten Sonnenfinsternissen.

Um die Zeit zwischen zwei einander folgenden Finsternissen innerhalb desselben Saros zu berechnen, müssen wir die entsprechenden Zahlen miteinander multiplizieren: 19 Finsternisjahre à 346,62 Tage ergeben 6585,78 Tage, während 223 synodische Monate à 29,53059 Tage (das ist der exakte Wert) insgesamt 6585,32 Tage sind. Die Ergebnisse sind nahezu identisch. Die exakte Zeitspanne zwischen zwei aufeinander folgenden Saros-Finsternissen wird durch den synodischen Monat bestimmt (von Neumond zu Neumond), da die Sonnenfinsternis bei Neumond eintritt.

Es gibt noch einen weiteren, sehr wichtigen Zusammenhang im Saros-Zyklus, und auch er ist das Ergebnis eines Zufalls. So beträgt auch die Zeitspanne, die der Mond benötigt, um auf seiner Umlaufbahn 239-mal vom Perigäum, seinem erdnächsten Punkt, zum nächsten Perigäum zu gelangen (239 so genannte anomalistische Monate), 6585 Tage, oder genauer: 6585,54 Tage. Das bedeutet, dass sich der Mond nach einem Saros-Zyklus nicht nur wieder am selben Knoten befindet, sondern auch fast exakt wieder an derselben Stelle auf seiner Umlaufbahn. Die Entfernung zwischen Erde und Mond wird nahezu die gleiche sein wie bei der in der Serie vorhergehenden Finsternis. Für die Vorhersage der Eigenart von aufeinander folgenden Finsternissen innerhalb einer bestimmten Saros-Serie ist der anomalistische Monat fast ebenso wichtig wie der synodische Monat. Somit befindet sich der Mond nach Ablauf von 229 synodischen Monaten wieder in der Phase des Neumonds; nach Ablauf von 19 Finsternisjahren steht der Mond in Bezug auf den Knoten annähernd an der ursprünglichen Position; und nach Ablauf von 239 anomalistischen Monaten nimmt der Mond hinsichtlich seiner Entfernung zur Erde wieder nahezu seine Ursprungsposition ein. Bemerkenswerterweise weichen diese drei Zeitspannen nur um Bruchteile eines Tages voneinander ab, und das wiederum erklärt, weshalb bestimmte Eigenheiten der einander folgenden Finsternisse innerhalb derselben Saros-Serie so gut wie unverändert sind – beispielsweise die Dauer einer Finsternis und die Größe des Mondschattens auf der Erde.

All diese Zyklen greifen mit fast derselben Periode von 6585 Tagen ineinander, so dass im Abstand von 18 Jahren auftretende Sonnenfinsternisse sehr ähnliche Charakteristika aufweisen. Auf eine große partielle Sonnenfinsternis wird 18 Jahre später eine weitere große partielle Sonnenfinsternis folgen, auf eine ringförmige Sonnenfinsternis eine ringförmige und auf eine totale Sonnenfinsternis von kurzer Dauer eine ähnlich kurze totale Sonnenfinsternis usw. Detaillierte Informationen zu diesen Zyklen finden sich in Tabelle 3A.

Nun bleibt noch die Bedeutung der Stellen hinter dem Komma bei einer Saros-Periode zu erklären, der restlichen 32 Hundertstel eines Tages. Steht die Sonne in der Mitte der Sonnenfinsternis im Meridian, also auf ihrem höchsten Punkt am Himmel, dann findet die Verfinsterung zur Mittagsstunde statt. Nach Ablauf von 6585 kompletten Tagen steht die

Zyklus	Beschreibung	Periode (in Tagen)	Saros (Zyklen)	Periode (in Tagen)
Finsternisjahr	Zeitspanne, in der die Sonne den Zyklus von einem Mondknoten zu demselben Mondknoten vollendet	346,62003	19	6585,78057 zurück zum Mondknoten
Synodischer Monat	Zeit für einen kompletten Zyklus von Neumond zu Neumond (von der Erde aus gesehen)	29,53059	223	6585,32157 zurück zum Neumond
Anomalistischer Monat	Zeit für einen kompletten Zyklus des Mondes auf seiner Umlaufbahn, gesehen von außerhalb des Sonnensystems (von Perigäum zu Perigäum)	27,55455	239	6585,53745 zurück zum Perigäum

Tabelle 3A Zyklen von Sonne und Mond mit ähnlichen Saros-Perioden.

Sonne erneut im Meridian, aber der Neumond ist noch nicht wieder da. Erst müssen weitere 32 Hundertstel eines Tages vergehen, bis der Neumond eingetroffen ist und es zur Verfinsterung der Sonne kommt.

Innerhalb dieser 32 Hundertstel eines Tages rotiert die Erde um 32 Prozent einer Umdrehung weiter. Bei einer vollständigen Umdrehung von 360 Längengraden entspricht dieser Prozentsatz einer Erddrehung von 115 Längengraden in westlicher Richtung. Dies wird aus Abbildung 3.1 ersichtlich, wo die Sonnenfinsternis von 1937 die Erde erstmals etwa 115 Grad westlich des Beginns der Sonnenfinsternis von 1919 berührt. Beide Sonnenfinsternisse sind miteinander verwandt und gehören derselben Saros-Serie an.

Nach einem dreifachen Saros oder drei Zyklen werden 54 Jahre und 33,96 Tage vergangen sein. Die dem zusätzlichen Bruchteil eines Tages entsprechende Längengradverschiebung beträgt jetzt 96 Prozent einer Erdumdrehung. Nach einem Tripel-Saros beginnt die Schattenbahn der Sonnenfinsternis auf der Erde also erst, wenn die Erde sich ein Mal nahezu vollständig bis zum selben Längengrad gedreht hat. Dies lässt sich in Abbildung 3.2 erkennen, bei der die Bahnen der Sonnenfinsternisse von 1919 und 1937 von einer polaren in eine horizontale Kartenprojektion überführt wurden. Ergänzt wird die Karte zudem um die Schattenbahn der Sonnenfinsternis vom 11. Juli 1991. Zwischen den Finsternissen von 1937 und 1991 liegt ein Tripel-Saros von 54 Jahren und 33,96 Tagen. Man sieht, dass der Tripel-Saros die Sonnenfinsternis fast auf denselben Längengrad zurückbringt. Doch während die Schattenbahn der Sonnenfinsternis in etwa dieselbe Spanne hinsichtlich ihrer Längengradwerte aufweist wie die von 1937, ist sie nach Norden auf höhere Breitengrade versetzt. Zur Erklärung dieser Breitengradverschiebung müssen wir noch einmal auf den Begriff der Ekliptikgrenze zurückkommen.

EKLIPTIKGRENZE UND SAROS-ZYKLUS

Die in Tabelle 3A genannten Perioden der verschiedenen Mondzyklen und das Diagramm der Ekliptikgrenze in Kapitel 1 genügen, um den Vorgang der Breitenverschiebung und im Grunde fast alle Eigenheiten einer Saros-Serie von Sonnenfinsternissen zu verstehen. Die Ekliptikgrenze ist die maximale Winkeldistanz der Sonne von einem Knoten auf der Umlaufbahn des Mondes, bei der es noch zu einer Sonnenfinsternis kommen kann.

In Kapitel 1 haben wir jenen Abschnitt der Ekliptik betrachtet, in dessen Mitte sich ein absteigender Knoten befindet (Abbildung 1.9). Wir sahen, dass die Winkelöffnung der Ekliptikgrenze immer groß genug ist, damit der Mond einen synodischen Zyklus vollenden kann, während sich die Sonne noch innerhalb der Ekliptikgrenze befindet. Folglich zieht der Mond mit der Sonne immer gleichauf und an ihr vorbei. Dies ist die »Gefahrenzone«, da es immer zu einer Finsternis kommen wird, wenn innerhalb der Ekliptikgrenze Neu- oder Vollmond herrscht. Abbildung 3.3 zeigt ein ähnliches Dia-

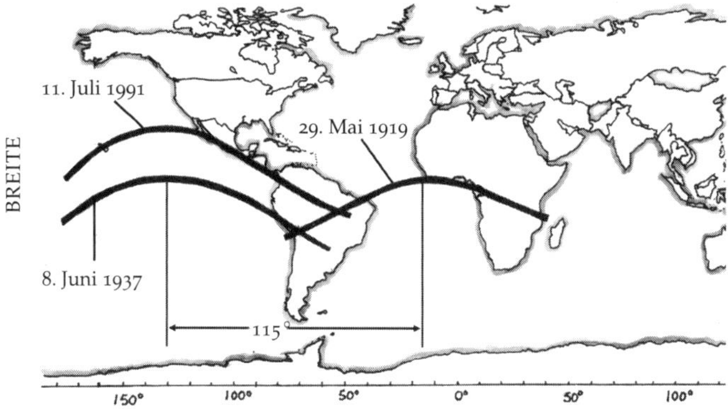

Abb. 3.2 Verschiebung der Schattenbahn einer totalen Sonnenfinsternis im Verlauf eines einzigen Saros-Zyklus (1919–1937) sowie eines Tripel-Saros (1937–1991)

gramm, das die Sequenz von Sonnenfinsternissen in einer Saros-Serie wiedergibt.

Wir folgen dem Neumond und beginnen mit den entscheidend wichtigen Positionen am westlichsten und östlichsten Ende. Diese Endpunkte der Ekliptikgrenze hängen, wie in Kapitel 1 erläutert, von der Größe von Sonne und Mond ab, wie sie dem Beobachter auf der Erde erscheinen. Da die Umlaufbahnen von Erde und Mond elliptisch sind, variieren diese Größen ständig. Folglich muss sich auch der Wert der Ekliptikgrenze entsprechend ändern. Befindet sich der Mond im Perigäum und die Erde im Perihel, sind also der Mond der Erde und die Erde der Sonne am nächsten, haben die Scheiben von Sonne und Mond ihre größte Ausdehnung. Diese Konfiguration ergibt die maximale Grenze, da sich die beiden Scheiben bei der Annäherung des Mondes an den

Knoten früher zu »berühren« scheinen. Steht der Mond hingegen im Apogäum und die Erde im Aphel, dann sind die beiden Scheiben am kleinsten, weil sich der Mond am weitesten von der Erde und die Erde am weitesten von der Sonne entfernt befinden. Aus dieser Konfiguration ergibt sich die minimale Grenze, bei der sich die beiden Scheiben erst zu berühren scheinen, wenn der Mond näher an den Knoten herangerückt ist. Tabelle 3B nennt die maximalen und die minimalen Ekliptikgrenzen für Sonnenfinsternisse jedweder Art – es handelt sich um dieselben Werte wie die in Kapitel 1 berechneten – sowie die für eine totale oder ringförmige Sonnenfinsternis gültigen Grenzwerte.

Typ der Finsternis	Maximal	Minimal
Jede Sonnenfinsternis	18,52°	15,35°
Totale oder ringförmige Sonnenfinsternis	11,83°	9,92°

Tabelle 3B Maximale und minimale Ekliptikgrenzen für Sonnenfinsternisse

Kommt es außerhalb der maximalen Ekliptikgrenze von 18,52 Grad zum Neumond, kann keine Sonnenfinsternis entstehen. Tritt andererseits der Mond innerhalb der minimalen Grenze von 15,35 Grad in die Neumondphase ein, muss sich zwingend eine Sonnenfinsternis ereignen. Findet der Neumond zwischen den Positionen von 18,52 Grad und 15,35 Grad statt, lässt sich nur dann voraussagen, ob es eine Sonnenfinsternis stattfindet, wenn man mit Hilfe der entsprechenden Bahndaten die Ekliptikgrenze berechnet. Die Vor-

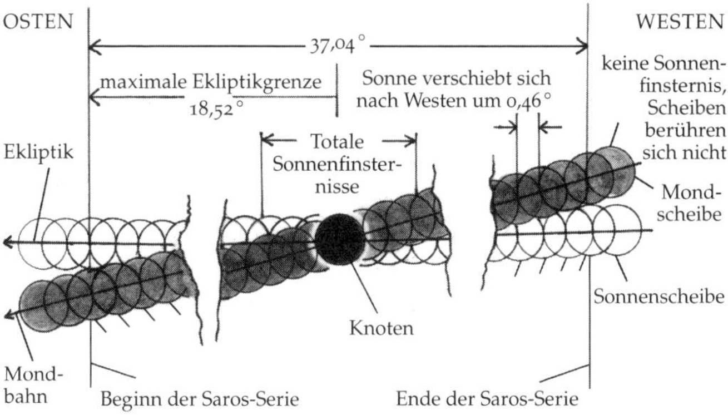

Abb. 3.3 Sonnenfinsternisse innerhalb einer Saros-Serie an einem absteigenden Knoten bei maximaler Ekliptikgrenze

aussetzungen für eine totale oder ringförmige Sonnenfinsternis findet man, indem man die maximalen und minimalen Ekliptikgrenzen von 11,83 Grad und 9,92 Grad in entsprechender Weise verwendet.

Für die folgende allgemeine Erläuterung des Saros habe ich die maximale Ekliptikgrenze gewählt, weil es praktischer ist, vom größtmöglichen Umfang der Sonnen- und Mondscheibe auszugehen, der gegeben ist, wenn der Mond im Perigäum und die Erde im Perihel steht. Aus demselben Grund bleiben wir bei der Betrachtung des absteigenden Knotens. Abbildung 3.3 und deutlicher noch Abbildung 3.4 zeigen, dass bei einer Saros-Serie von Sonnenfinsternissen am absteigenden Mondknoten die aufeinander folgenden Schattenbahnen jedes Mal weiter nördlich über die Erde streichen. Im Verlauf der Serie überziehen die Schattenbahnen den Globus von Süd nach Nord. Der Grund dafür sollte jetzt nachvollziehbar sein.

Betrachten wir noch einmal die Länge der unterschiedlichen Zyklen in Tabelle 3A, nach der sich die Dauer einer 19-maligen Rückkehr der Sonne zu demselben Mondknoten – also von 19 Finsternisjahren – auf 6585,78 Tage beläuft, während 223 synodische Monate, von Neumond zu Neumond, die unwesentlich kürzere Zeitspanne von 6585,32 Tagen ergaben. Käme es bei einer bestimmten Sonnenfinsternis innerhalb einer Saros-Serie exakt am Mondknoten zum Neumond, dann befände sich der Mond nach 18 Jahren und 11,32 Tagen bereits in der Neumondphase, noch bevor er den Knoten erreicht hätte: Der Neumond käme um die Zeitdifferenz zwischen 19 Sonnenfinsternis-Jahren und 223 synodischen Monaten, also um 46 Hundertstel eines Tages früher. Da sich die Sonne auf der Ekliptik täglich um etwa 1 Grad ostwärts bewegt, entsprechen 46 Hundertstel eines Tages etwa 0,46 Grad. Daraus ergibt sich eine Westverschiebung um 0,46 Grad von einer Sonnenfinsternis zur nächsten innerhalb derselben Saros-Serie. Die Sonne schafft nicht den ganzen Weg zurück zum Knoten, bevor es zum Neumond und zur Sonnenfinsternis kommt. Befand sie sich zunächst direkt am Knoten, wird sie nun zum Zeitpunkt der Sonnenfinsternis eine Position von 0,46 Grad westlich des Knotens einnehmen (Abbildung 3.3). Nach jedem Saros-Zyklus ereignen sich Neumond und Sonnenfinsternis 0,46 Grad weiter im Westen.

Abbildung 3.3 zeigt eine Serie von Sonnenfinsternissen eines Saros; sie beginnt an der östlichen Grenze und verschiebt sich nach jedem Saros-Zyklus um 0,46 Grad weiter nach Westen. Man kann sich in dieser Zeichnung die Abbildungen des

Neumonds auch als Abbildungen der Sonnenfinsternisse denken, da alle Sonnenfinsternisse exakt auf Neumond fallen, wenn, von der Erde aus gesehen, Sonne und Mond auf der Ekliptik denselben Längengrad einnehmen. Bevor wir fortfahren, dürfte es nützlich sein, noch auf einige weitere Aspekte dieses Diagramms zu verweisen: auf die durch Pfeile angezeigte östliche Richtung der Bewegung von Sonne und Mond; die Mondbahn, die in einem absteigenden Knoten die Ekliptik von Norden nach Süden kreuzt; die Westverschiebung der Neumonde um 0,46 Grad innerhalb der Ekliptikgrenze; schließlich die Orte des Knotens sowie der Endpunkte, welche die erste und die letzte Sonnenfinsternis innerhalb der Serie bezeichnen.

Damit lassen sich nun die Gesamtzahl der Sonnenfinsternisse ermitteln und ihre zunehmenden Veränderungen im Verlauf der Saros-Serie nachzeichnen. Entsprechend der bereits herausgefundenen Winkelgröße der Ekliptikgrenze kann es zu einer Sonnenfinsternis kommen, wenn der Neumond innerhalb einer Entfernung von 18,52 Grad vom Knoten eintritt. Falls es sich, wie im Diagramm, um den absteigenden Knoten handelt, wird sich die Mondscheibe zu Beginn der Serie südlich der Sonne befinden. Die erste Sonnenfinsternis der Serie wird am östlichen Rand der Ekliptikgrenze stattfinden (am Punkt 1 in Abbildung 3.3). Es wird sich um eine partielle Sonnenfinsternis handeln, die nur im Bereich der südlichsten Breiten in der Nähe des Südpols sichtbar ist. Nach 18 Jahren und 11,32 Tagen werden erneut nahezu identische Verhältnisse herrschen, aber der Neumond und die Sonnenfinsternis werden diesmal 0,46 Grad westlich der früheren und näher am Knoten stattfinden, nämlich am Punkt 2. Von der Erde aus wird diese Sonnenfinsternis etwas weiter nördlich zu sehen sein. Dies wird verständlich, wenn man die sich verändernde Richtung des Mondschattens berücksichtigt. Mit jeder Wiederkehr zu den Punkten 3, 4, 5 usw. rückt der Neumond näher an den Mondknoten heran, und die Bahn des Mondschattens über die Erdoberfläche verlagert sich weiter nach Norden. Es handelt sich ausschließlich um partielle Sonnenfinsternisse. Verfinstert der Neumond die Sonne innerhalb eines Winkels von 11,83 Grad vom Knoten, kommt es zu einer totalen Sonnenfinsternis, denn dies ist die Winkelgröße der maximalen Ekliptikgrenze, und die Mondscheibe weist ihre maximale Größe auf, weil der Mond im Perigäum steht. Bei der minimalen Ekliptikgrenze käme es zu ringförmigen Sonnenfinsternissen, sobald der Mond den Winkel von 9,92 Grad erreicht.

Wie bei partiellen Sonnenfinsternissen wird auch bei der totalen Sonnenfinsternis die Schattenbahn des Mondes die Erde zunächst nur in den äußersten südlichen Breiten berühren, um dann bei jeder im Saros-Zyklus nachfolgenden Finsternis weiter nach Norden zu rücken. Die folgenden Sonnenfinsternisse in der Saros-Reihe werden weiterhin totale sein, bis der Neumond die Position von 11,83 Grad westlich des Knotens erreicht, bei der der Kernschatten des Mondes am Nordpol von der Erdoberfläche in den Weltraum hinausstreicht. Darauf folgt nun eine Reihe von partiellen Sonnenfinsternissen, bis sich der Mond 18,52 Grad westlich des Knotens befindet: Damit endet dieser spezifische Saros-Zyklus von Sonnenfinsternissen, denn der Halbschatten des Mondes trifft von nun an nicht mehr auf die Erde, sondern schweift jenseits des Nordpols hinaus in den Weltraum. Hätten die Sonnenfinsternisse am auf- und nicht am absteigenden Knoten der Mondbahn stattgefunden, dann hätte der Schattenkegel zunächst in der Region des Nordpols die Erde berührt, wären die Schattenbahnen allmählich nach Süden gewandert und hätte der Schattenkegel schließlich am Südpol die Erde wieder verlassen.

AUSMASS UND DAUER EINER SAROS-SERIE

Auch die Anzahl von Sonnenfinsternissen in einer Saros-Serie lässt sich abschätzen. Kehren wir noch einmal zu Abbildung 3.3 zurück und addieren wir dort die größte Ekliptikgrenze östlich des Knotens zu derjenigen im Westen des Knotens hinzu, so erhalten wir einen Wert von 37,04 Grad für die gesamte Spanne. Wenn nun der Neumond bei jedem Zyklus um 0,46 Grad vorrückt, lässt sich die mögliche Anzahl von Zyklen in einer großen Saros-Serie dadurch ermitteln, dass man errechnet, wie viele Westverschiebungen zwischen den beiden maximalen Ekliptikgrenzen passen. Teilt man den Winkel von 37,04 Grad durch die Verschiebung um 0,46 Grad bei jeder Sonnenfinsternis, ergeben sich 80 Saros-Zyklen in einer großen Serie. Eine ähnliche Berechnung lässt sich für die kleinste Ekliptikgrenze durchführen: zwei mal die kleinste Ekliptikgrenze von 15,35 Grad ergibt 30,70 Grad, ein Wert, der, durch 0,46 Grad geteilt, 67 Saros-Zyklen bei einer kleinen Saros-Serie entspricht. Eine große Serie könnte demnach bis zu 80 Zyklen von jeweils 18 Jahren und 11,32 Tagen umfassen, also 1442 Jahre. Eine kleine Serie mit nur 67 Zyklen entspräche 1206 Jahren. Innerhalb dieser beiden Grenzwerte kann eine Saros-Serie ganz unterschiedlich lang sein.

Das Diagramm der Schattenbahnen am Anfang dieses Kapitels (Abbildung 3.1) zeigt eine verwirrende Zahl von nicht miteinander in Verbindung stehenden Schattenbahnen während einer Zeitspanne von zwanzig Jahren im frühen 20. Jahrhundert. Nun sind wir in der Lage, die Verteilung dieser Schattenbahnen zu verstehen. Zunächst einmal gehört jede einzelne Sonnenfinsternis zu einer bestimmten Saros-Serie. Diejenigen aber, die innerhalb eines Jahres stattfinden, gehören offensichtlich zu unterschiedlichen Saros-Serien. Theodor von Oppholzer (1841–1886) hat in einer umfassenden Untersuchung festgestellt, dass es während eines Jahrhunderts im Durchschnitt zu 238 Sonnenfinsternissen kommt, also zu 2,38 im Jahr. Demnach finden während der Dauer eines Saros-Zyklus von 18 Jahren 43 Sonnenfinsternisse statt. Da nun offenkundig keine von ihnen zu ein und demselben Saros-Zyklus gehören kann, müssen zu jedem beliebigen Zeitpunkt 43 Saros-Serien parallel zueinander ablaufen.

Alle Saros-Serien beginnen mit partiellen Sonnenfinsternissen, die nur von den äußersten Breitengraden aus sichtbar sind, und zwar, wie gesehen, in der Nähe des Südpols, wenn

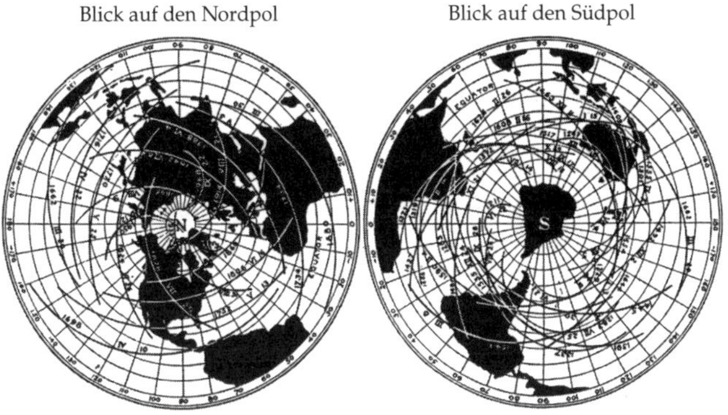

Abb. 3.4 Eine Saros-Serie von 44 totalen Sonnenfinsternissen an einem absteigenden Knoten. Die Serie begann am 12. Juli 1211 im südlichen Polargebiet und endete am 3. Oktober 1986 in der Gegend des Nordpols.

es am absteigenden Knoten zur Sonnenfinsternis kommt. Darauf folgen totale und/oder ringförmige Sonnenfinsternisse, je nach der maximalen/minimalen Ekliptikgrenze und jede ein Stück weiter nördlich als ihre Vorgängerin. Die Abfolge endet mit einer Reihe partieller Sonnenfinsternisse in der Nähe des geographischen Nordpols. Abbildung 3.4 zeigt die Schattenbahnen totaler Sonnenfinsternisse, die zu derselben Saros-Serie gehören und an einem absteigenden Knoten stattfinden. Es handelt sich um Darstellungen von oberhalb der Pole, die leicht mit Abbildung 3.1 verglichen werden können. Die Abbildung rechts ist die Sicht auf den Südpol und zeigt die Bahnen der Mondschatten in dieser Serie, die am 12. Juli 1211 begonnen hat. Man sieht, wie die Bahnen sich auf den Äquator zu bewegen. Die linke Abbildung, der Blick auf den Nordpol, zeigt, wie die Bahnen vom Äquator aus zum Nordpol vorrücken; die Serie endete am 30. Oktober 1986. Diese symmetrischen Schattenbahnen, die sich gleichförmig um die Pole herum gruppieren, zeigen, dass es eben doch ein geordnetes Muster für den sich wiederholenden Saros-Zyklus von Sonnenfinsternissen gibt, den die Babylonier erstmals vor 2400 Jahren entdeckt haben.

SAROS 136

Sonnenfinsternisse, die zu ein und derselben Serie von Saros-Zyklen gehören, weisen ähnliche Eigenschaften auf, da der Zufall der sich wiederholenden Zyklen Sonne und Mond nach 6585 Tagen wieder nahezu in die gleiche Konstellation zurückführt. Um diese Schlussfolgerungen zu überprüfen, wollen wir nun eine bestimmte Saros-Serie genauer betrachten. Tabelle 3C gibt das Datum, die Dauer, die Breite der maximalen Finsterniszone und den Verlauf der Schattenbahn für sämtliche Sonnenfinsternisse im 20. Jahrhundert der Saros-Familie mit der Klassifikationsnummer 136 an. (Die Nummerierung basiert auf der Klassifizierung von Saros-Zyklen, die der holländisch-kanadische Astronom Van Den Bergh im Jahre 1955 eingeführt hat.) Die Serie enthält einige der längsten Sonnenfinsternisse in geschichtlicher Zeit, darunter die vom Autor beobachtete große Baja-Mexico-Sonnenfinsternis von 1991 und die Finsternis von 1919, die zum Untersuchungsgegenstand jener historischen Expedition wurde, die Einsteins allgemeine Relativitätstheorie bestätigen sollte (mehr dazu in Kapitel 7).

Datum	Dauer (Minuten)	Breite (km)	Totalitätsbahn
18. Mai 1901	6:28	237	Indischer Ozean, Sumatra, Borneo, Neuguinea
29. Mai 1919	6:50	245	Südamerika, Atlantik, Afrika
8. Juni 1937	7:04	249	Pazifik, Peru
20. Juni 1955	7:07	253	Südostasien, Philippinen, Pazifik
30. Juni 1973	7:03	256	Atlantik, Zentralafrika, Indischer Ozean
11. Juli 1991	6:53	257	Hawaii, Mexiko, Mittelamerika, Brasilien

Tabelle 3C Charakteristika von Sonnenfinsternissen des 20. Jahrhunderts aus der Saros-Serie 136

Jetzt können wir eine spezifische Saros-Serie, nämlich Saros 136, auf ihrem Weg über den Globus während einer Zeitspanne von 1262 Jahren untersuchen. Diese Serie begann, als am 14. Juni 1360 ein Neumond die Ekliptik in der Nähe der Grenze eines absteigenden Knotens kreuzte. Nur ein kleiner Teil der Antarktis wurde an diesem Tag vom Halbschatten des Mondes getroffen. 18 Jahre und 11,32 Tage später, am 25. Juni 1378, lag ein größerer Bereich der Erde innerhalb des Halbschattens, da sich die Sonnenfinsternis nach Norden verschoben hatte. Die erste ringförmige Sonnenfinsternis in dieser Serie trat 140 Jahre später ein, und am 17. Januar 1703 kam es zur ersten totalen Sonnenfinsternis der Serie. Während der nächsten 800 Jahre streichen nun Sonnenfinsternisse über den Globus, darunter auch die in Tabelle 3C aufgelisteten des 20. Jahrhunderts. Wenn die Serie bis zur Halbzeit ihrer Dauer im Jahr 1991 immer näher an den Äquator herangerückt ist, haben wir, wie oben erläutert, die besten Beobachtungsbedingungen. Die letzte totale Sonnenfinsternis dieser Serie wird sich am 13. Mai 2496 ereignen, und die letzte von allen wird am 30. Juli 2622 nur noch als partielle Sonnenfinsternis in der Nähe des Polarkreises in der Arktis zu sehen sein. Tabelle 3D verzeichnet Datum und Art sämtlicher 71 Sonnenfinsternisse der Saros-Serie 136.

Bei der Baja-California-Sonnenfinsternis von 1991 hatte die Serie ziemlich genau die Hälfte ihrer Dauer erreicht; es war die 36. dieser Saros-Serie. Demnach war sie in den Regionen am Erdäquator zu beobachten. In diesen Weltgegenden haben die Sonnenfinsternisse eine lange Dauer, da dort die Rotationsgeschwindigkeit auf der Erdoberfläche am größten ist. Die Bewegung des Mondschattens und die Rotation der Erde verlaufen in gleicher Richtung, und somit gleicht die Rotation teilweise die Geschwindigkeit des über die Erde dahinziehenden Mondschattens aus. Die im 20. Jahrhundert auftretenden Sonnenfinsternisse aus Saros 136 dauern auf Grund ihrer Nähe zum Äquator relativ lange und kommen dem theoretisch erreichbaren Maximum von 7 Minuten und 31 Sekunden sehr nahe (siehe Tabelle 3C); die von Südostasien und dem Pazifik aus zu beobachtende Sonnenfinsternis von 1955 war eine der längsten überhaupt.

Tabelle 3D Verlauf der Sonnenfinsternisse in der Saros-Serie 136

1360, 14. Juni	partiell	1793, 12. März	total	2225, 1. Dez.	total
1378, 25. Juni	partiell	1811, 24. März	total	2243, 12. Dez.	total
1396, 5. Juli	partiell	1829, 3. April	total	2261, 22. Dez.	total
1414, 17. Juli	partiell	1847, 14. April	total	2280, 3. Jan.	total
1432, 27. Juli	partiell	1865, 25. April	total	2298, 13. Jan.	total
1450, 7. Aug.	partiell	1883, 6. Mai	total	2316, 25. Jan.	total
1468, 18. Aug.	partiell	1901, 18. Mai	total	2334, 5. Feb.	total
1486, 29. Aug.	partiell	1919, 29. Mai	total	2352, 16. Feb.	total
1504, 8. Sept.	ringförmig	1937, 8. Juni	total	2370, 27. Feb.	total
1522, 19. Sept.	ringförmig	1955, 20. Juni	total	2388, 9. März	total
1540, 30. Sept.	ringförmig	1973, 30. Juni	total	2406, 20. März	total
1558, 11. Okt.	ringförmig	1991, 11. Juli	total	2424, 31. März	total
1576, 21. Okt.	ringförmig	2009, 22. Juli	total	2442, 11. April	total
1594, 12. Nov.*	ringförmig	2027, 2. Aug.	total	2460, 21. April	total
1612, 22. Nov.	ringförmig/total	2045, 12. Aug.	total	2478, 3. Mai	total
1630, 4. Dez.	ringförmig/total	2063, 24. Aug.	total	2496, 13. Mai	total
1648, 14. Dez.	ringförmig/total	2081, 3. Sept.	total	2514, 25. Mai	partiell
1666, 25. Dez.	ringförmig/total	2099, 14. Sept.	total	2532, 5. Juni	partiell
1685, 5. Jan.	ringförmig/total	2117, 26. Sept.	total	2550, 16. Juni	partiell
1703, 17. Jan.	total	2135, 7. Okt.	total	2568, 26. Juni	partiell
1721, 27. Jan.	total	2153, 17. Okt.	total	2586, 7. Juli	partiell
1739, 8. Feb.	total	2171, 29. Okt.	total	2604, 19. Juli	partiell
1757, 18. Feb.	total	2189, 8. Nov.	total	2622, 30. Juli	partiell
1775, 1. März	total	2207, 20. Nov.	total		

* Erstes Datum nach dem Gregorianischen Kalender

Jetzt begreifen wir, wie es zu der Ordnung am Himmel kommt. Zu jedem Zeitpunkt laufen 43 miteinander nicht verwandte Saros-Zyklen ab. Endet eine Serie und verschwindet der Mondschatten im Weltraum, etwa jenseits der Nordpolregion der Erde, streifte die erste Sonnenfinsternis einer neuen Serie ganz knapp die Gegend am Südpol. Thomas Crump vergleicht das Ganze mit einer Bachschen Fuge, in der die unterschiedlichen Stimmen ihre Themen innerhalb einer Zeitspanne von wenigstens 1206 oder höchstens 1442 Jahren ausspielen – Sphärenklänge.

KONTROVERSEN UM VORHERSAGEN VON SONNENFINSTERNISSEN IM ALTERTUM

Mir reicht als Lohn, wenn du die Entdeckung
nicht als deine eigene ausgibst,
falls du anderen davon erzählst,
sondern sagst, dass es meine war.
Thales, im 6. Jahrhundert v. Chr.

Im Zusammenhang mit der Vorhersage von Sonnenfinsternissen im Altertum werden zwei Fragen noch heute in der Wissenschaft kontrovers diskutiert. Die erste lautet, ob der berühmte megalithische Steinkreis von Stonehenge im Südwesten Englands jemals dazu diente, Finsternisse vorherzusagen. Die zweite dreht sich darum, ob Berichte antiker griechischer Historiker zutreffen, wonach der Philosoph Thales im frühen 6. Jahrhundert v. Chr. eine Sonnenfinsternis vorhergesagt hat.

Nach Ansicht der großen Mehrheit anerkannter Historiker, Archäologen und Anthropologen von heute sind beide Behauptungen irrig. Im ersten Fall argumentieren die Kritiker, der bloße Gedanke, dass die Menschen der Megalithkultur eine derart avancierte Protowissenschaft zu praktizieren vermocht hätten, sei absurd, wenn man bedenke, dass sie nicht einmal schreiben konnten. Des Weiteren wenden sie ein, die Ausrichtung der Steine in Stonehenge, die nach Auffassung der Anhänger dieser Theorie zur Vorhersage von Finsternissen verwendet wurden, sei nicht genau genug gewesen, um die exakte Position des Mondes im Vorfeld einer Finsternis zu verfolgen. Im zweiten Fall beruht die Absage an Thales auf dem Umstand, dass kein heutiger Wissenschaftshistoriker sich vorstellen kann, wie dieser eine solche Vorhersage hätte anstellen können. Folglich habe er es auch nicht getan!

Für die Beantwortung der Fragen ist es wichtig, herauszufinden, wie Sonnenfinsternisse überhaupt von den Menschen in vor- oder frühgeschichtlicher Zeit hätten vorausgesagt werden können. Dazu hätten sie einen sich wiederholenden Zyklus von Finsternissen entdecken müssen. Oder es wäre ein sich wiederholender Zyklus der Mondbewegungen entdeckt und dann mit vorausgegangenen Finsternissen in Verbindung gebracht worden. Zwei derartige Zyklen haben wir bereits erörtert: den Zyklus von 18,61 Jahren der Rotation der Mondknotenachse sowie den Saros-Zyklus von Sonnenfinsternissen mit einer Periode von 18 Jahren und 11,3 Tagen. Wichtig ist, dass man diese beiden nahezu gleich langen Zyklen nicht durcheinanderwirft. Sie haben nichts miteinander zu tun. Die Behauptung, dass Stonehenge ein Instrument zur Vorhersage von Finsternissen war, stützt sich auf den ersten dieser Zyklen, der Rotation der Mondknoten. Die These, Thales habe eine Sonnenfinsternis vorhersagen können, wie sie kürzlich ein russischer Wissenschaftshistoriker vorgetragen hat, beruht hingegen auf dem zweiten, dem Saros-Zyklus.

ASTRONOMIE IN STONEHENGE

Viele Menschen sind überrascht, dass die Stelle, an der Sonne und Mond am Horizont auf- und untergehen, variiert. Die Sonne geht nicht einfach im Osten auf und im Westen unter. In nördlichen Breiten, beispielsweise in Höhe der britischen Inseln, geht die Sonne im Sommer ein ganzes Stück nördlich des Ostens auf und nördlich des Westens unter; im Winter geht sie hingegen südlich des Ostens auf und südlich des Westens unter. Das Ganze ergibt sich aus der geneigten Rotationsachse der Erde: Im Sommer neigt sich die nördliche Hemisphäre in Richtung Sonne, im Winter von ihr fort. Je weiter nach Norden sich der Beobachter bewegt, desto größer ist die Differenz zwischen den Auf- und Untergangspunkten von Sonne und Mond am Horizont.

Angesichts dieser jahreszeitlich bedingten großen Bandbreite scheint es naheliegend, dass sich antike Beobachter in hohen nördlichen oder südlichen Breiten der »Horizont-Astronomie« bedient haben. Man kann Kalender und Almanache dadurch anlegen, dass man die Bewegung von Sonne und Mond am Horizont beobachtet statt der Schattenlänge eines in den Boden eingelassenen Pfostens oder der Höhe der Sonne am Mittag. Anstatt die Sonne zur Mittagsstunde oder den Mond um Mitternacht zu beobachten, hielten die Menschen von Stonehenge nach den Punkten Ausschau, an denen die beiden Himmelskörper jeweils am Horizont erschienen und verschwanden.

Sie dürften bald entdeckt haben, dass die Position, an der die Sonne am östlichen Horizont aufgeht, zwischen einem nördlichen und einem südlichen Extrem oszilliert. Diese beiden unter dem Namen »Stillstandspositionen« bekannten Extreme sind die Punkte am Horizont, an denen der Sonnenaufgang in seiner Bewegung am Horizont entlang innehält, umdreht und seinen Zyklus hin zum anderen Extrempunkt beginnt. In Stonehenge sind sie für die Sonne durch die Hauptfluchtlinien der dort stehenden Steine markiert.

Die Bewegung der Sonne ist zweifellos unabdingbar, um das Jahr einzuteilen und einen Kalender zu erstellen. Für den Mond gilt das nicht. Nun hat es aber den Anschein, als wären die Erbauer von Stonehenge auch an der Bewegung des Mondes stark interessiert gewesen. Wollten sie auf diese Weise das Jahr weiter untergliedern oder Sonnenfinsternisse vorhersagen? Auch die Extrempositionen des Vollmonds am Horizont wurden in Stonehenge markiert. Die Variationen des Mondaufgangs weisen ein noch breiteres Spektrum auf als die des Sonnenaufgangs. Abbildung 4.1 schematisiert die Visierlinien durch die in Stonehenge aufgestellten Steine hin zu den extremen Positionen von Sonne und Mond. Die Pendelbewegung des auf- und untergehenden Vollmonds zwischen seinen zwei Extrempositionen, also den weitesten und den engsten Stillstandspunkten am Horizont, benötigt genau 18,61 Jahre.

Dass die Hauptvisierlinien auf die Extrempunkte von Sonne und Mond ausgerichtet sind, wurde deutlich, als der an der Universität Boston tätige britische Astronom Gerald Hawkins 1965 sein Buch *Stonehenge Decoded* veröffentlichte. Darin beschreibt er eine Computeranalyse der Hauptfluchtlinien, die der Blick zwischen den Steinen hindurch nimmt. Hawkins fand heraus, dass sämtliche Hauptvisierlinien auf die Extrempositionen entweder der auf- und untergehenden Sonne oder des Vollmondes zielten. Stonehenge war mit anderen Worten ein astronomisches Observatorium aus dem Megalithikum, das zugleich einen auf Sonne und Mond basierenden Kalender umfasste. Im Ancien Régime der Archäologen – unter den Fachleuten der Megalithzeit, die nicht akzeptieren konnten, dass einer so frühen Kultur eine derart fortschrittliche Technik zugeschrieben wurde – verursachte Hawkins Buch eine regelrechte Revolution.

In einer offenbar spekulativen Ausarbeitung seiner Computerdaten vertrat Hawkins nun aber die These, dass Stonehenge nicht nur die Fluchtlinien der Extrempositionen von Sonne und Mond am Horizont markierte, sondern auch zur Vorhersage von Sonnenfinsternissen diente. Einige Jahre später entwickelte der britische Kosmologe Fred Hoyle diesen revolutionären Gedanken weiter. Seiner Ansicht nach wurde Stonehenge dazu benutzt, die Positionen der Mondknoten in ihrem Umlauf auf der Ekliptik zu verfolgen. Kommt es nämlich in der Nähe eines Knotens, also innerhalb der »Gefahrenzone«, zum Voll- oder Neumond, kann eine Mond- oder Sonnenfinsternis eintreten.

Falls der Zyklus der Knoten damals bekannt war, konnte der Mond fraglos sehr genau verfolgt werden, um irgendwelche Beziehungen zwischen dem Zyklus und den in Stonehenge beobachteten Finsternissen zu ermitteln. Die Erbauer von Stonehenge waren anscheinend davon überzeugt, sie könnten mit Hilfe einer exakten Ortsbestimmung der Extrempositionen des Mondes eine Finsternis voraussagen. Das ist freilich mit Problemen verbunden. Der Mond bewegt sich ungefähr zwölfmal schneller als die Sonne durch seine Extrempositionen, weshalb diese bei ihm schwerer zu bestimmen sind. Nach Ansicht der Kritiker wäre dazu ein sehr viel präziseres Peilsystem als das in Stonehenge erforderlich gewesen.

Wegen der Rotation der Knotenlinie pendelt der Mond zwischen seinen Extrempositionen in derselben Periode wie der Knotenzyklus. Eine Folge davon ist die ungewöhnliche Bewegung des Vollmonds im Winter in der Nähe der Zentralachse von Stonehenge, die auf einer Linie mit dem als *Heelstone* bekannten Markstein liegt (siehe Abbildung 4.1). Beobachtet man über viele Jahre hin den Punkt am Horizont, an dem im Winter der Vollmond aufgeht, und markiert ihn mit Peillinien, dann stellt sich heraus, dass dieser Aufgangspunkt in einem Zyklus von 18,61 Jahren über den *Heelstone* hinweg hin und zurück pendelt. Geht der Vollmond in der Mitte dieses Pendelschlages, also über dem *Heelstone*, auf – an demselben Punkt, an dem zur Sommersonnenwende die Sonne aufgeht –, wird er durch die Sonne verfinstert.

Es hat demnach den Anschein, als wären die Menschen von Stonehenge annähernd in der Lage gewesen, Sonnenfins-

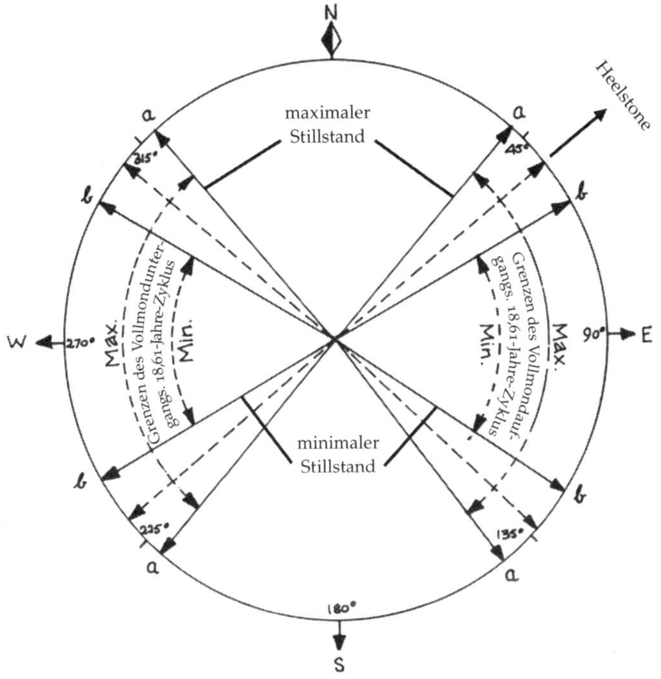

Abb. 4.1 Der Zyklus der Extrempositionen des auf- und untergehenden Mondes am Horizont in Stonehenge. Die Periode des Zyklus beträgt 18,61 Jahre. Die Buchstaben a und b zeigen die Spanne der jeweiligen maximalen und minimalen Stillstandspositionen an.

ternisse vorherzusagen. Doch sie haben nun einmal keine schriftlichen Aufzeichnungen hinterlassen, die Wissenschaftler dazu bringen könnten, die Aufstellung der Steine genauer zu untersuchen. Solange auf der Ebene von Salisbury kein Megalithgrab mit den sterblichen Überresten eines Astronomen und Priesters sowie mit Artefakten von diesem rätselhaften Gebilde gefunden wird, ist es wenig wahrscheinlich, dass der Streit um Stonehenge als Instrument zur Vorhersage von Finsternissen je beigelegt werden wird.

DIE ASTRONOMIE DER FRÜHEN GRIECHEN UND DIE SONNENFINSTERNISSE

Mit der Behauptung, der griechische Philosoph Thales von Milet (625–547 v. Chr.) habe im 6. vorchristlichen Jahrhundert eine Sonnenfinsternis vorhergesagt, sieht die Sache anders aus, denn in diesem Fall gibt es viele Quellen der Information und Spekulation. Obwohl von Thales selbst keine schriftlichen Zeugnisse überliefert sind, haben doch griechische Historiker wie Herodot und Thukydides ausführlich über seine Leistungen berichtet.

Thales, der aus der klassischen Stadt Milet an der ionischen Küste stammte, war der erste uns bekannte griechische Philosoph, Naturwissenschaftler und Mathematiker. Als Persönlichkeit von enormem Prestige war er der einzige griechische Philosoph unter den Sieben Weisen des antiken Griechenland. Dies war insofern etwas Besonderes, weil er den Status des Weisen seinem Ruf als Philosoph verdankte, nicht einer politischen Stellung, wie es für die anderen galt, denen man diese Ehre erwies. Manche halten ihn für den Lehrer des Pythagoras, obwohl er diesem womöglich nur den Rat gab, nach Ägypten und Chaldäa zu reisen. Von Eudemus von Rhodos (um 320 v. Chr.) wissen wir, dass Thales in Ägypten studiert und von dort ägyptische Gelehrsamkeit nach Griechenland mitgebracht hat. Alle antiken Quellen berichten, er habe die mathematischen und astronomischen Wissenschaften in Griechenland eingeführt. Da keine seiner Schriften überdauert hat, lässt sich nur schwer etwas Gesichertes über seine Philosophie und seine mathematischen Entdeckungen sagen. Dennoch werden ihm fünf Theoreme der elementaren Geometrie zugeschrieben.

Trotz all seiner anderen Errungenschaften beruhte Thales' Ruhm seit jeher auf den Berichten der altgriechischen Geschichtsschreiber, wonach es ihm gelungen sei, eine Sonnenfinsternis vorherzusagen. Die am häufigsten zitierte Quelle ist Herodot. Als einer der wichtigsten Autoren des antiken Griechenland wird Herodot oft als »der Vater der Geschichtsschreibung« bezeichnet. In seiner berühmten Chronik der griechischen Antike, den *Historien*, erzählte er die Geschichte vom Krieg zwischen Lydern und Medern. Der Krieg zog sich schon über fünf Jahre hin, ohne dass eine der beiden Seiten die Oberhand gewann. Herodot erzählt, wie während der Schlacht am 28. Mai 585 v. Chr.

> mitten im Kampf aus Tag auf einmal Nacht ward. Das Eintreten dieser Verwandlung hatte Thales der Milesier den Ioniern vorausgesagt und hatte als Termin angesetzt dieses Jahr, in dem sie wirklich eintrat. Die Lyder aber und die Meder, als sie sahen, dass aus Tag Nacht geworden, ließen ab vom Kampf und bemühten sich alle beide sehr, Frieden zu schließen miteinander.

Es ist eine wunderbare Vorstellung, dass ein Krieg sein Ende fand, weil ein spektakuläres Naturphänomen die Krieger demütig erschauern lässt. Interessanter für uns heute ist aber Thales' Vorhersage. Wie ist er dabei vorgegangen?

Einige skeptische Wissenschaftler haben darauf verwiesen, dass in den Schriften antiker Historiker, auch bei Herodot, ominöse Finsternisse vorkommen, die so niemals stattgefunden haben – man spricht von ihnen auch als den »literarischen Finsternissen«. In einem von Herodots Berichten heißt es, Xerxes und seine persischen Armeen hätten eine Finsternis beobachtet, kurz bevor sie von Sardis aufbrachen, um die Griechen zu erobern. In modernen Berechnungen findet sich aber keine Finsternis, die mit dem Datum der Invasion zusammenpassen würde. Unverkennbar gab es ein politisches Motiv, ein himmlisches Vorzeichen zu schaffen: Es wäre ein Hinweis, dass die Götter auf Xerxes' Seite waren und dass eine große Veränderung bevorstand. Thales konnte jedoch kein politisches Motiv für seine Vorhersage einer Sonnenfinsternis haben. Vielmehr könnte seine Vorhersage das wirkliche Ereignis gewesen sein, das andere, fiktive Berichte inspiriert hat.

Nicht nur Herodot berichtet über Thales' Vorhersage einer Sonnenfinsternis. In seinem Werk *Leben und Meinungen berühmter Philosophen* erzählt Diogenes Laertius davon, wie sehr Xenophanes die Leistung von Thales bewundert habe. Das ist insofern bedeutsam, da Xenophanes im selben Jahrhundert wie Thales gelebt hat und deshalb eine verlässlichere Quelle sein könnte. Trotzdem sind anerkannte Gelehrte wie Thomas-Henri Martin im 19. Jahrhundert und Otto Neugebauer in jüngerer Zeit zu dem Schluss gekommen, es handele sich bei der Geschichte von der Vorhersage nur um einen Mythos. Nun ließe sich einwenden, dass eine solche Skepsis angesichts der in den Altertumswissenschaften üblichen Verfahrensweisen wenig fair ist. Zu gewichtig erscheinen die Belege für Thales' Vorhersage in voneinander unabhängigen Quellen, als dass man sie bestreiten könnte. Akzeptiert man aber Thales' Leistung, dann bleibt zu fragen, wie und weshalb er diese Vorhersage gemacht hat.

Im Jahre 1994 veröffentlichte Dmitri Pantschenko von der Akademie der Wissenschaften in St. Petersburg im *Journal of the History of Astronomy* einen Aufsatz, in dem er versuchte, die Kontroverse beizulegen. Zu Beginn beschreibt er die Ausgangslage:

> Die Vorhersage einer Sonnenfinsternis durch Thales ist eines der berühmtesten Ereignisse in der Geschichte der griechischen Wissenschaften. Sie verblüffte seine Zeitgenossen wie auch moderne Wissenschaftler. Unglücklicherweise verfügen wir über keinen aus der Antike stammenden Bericht über die Methode, die Thales' außergewöhnliche Leistung ermöglicht hat, und allem Anschein nach sind sämtliche modernen Rekonstruktionsversuche einer solchen Methode gescheitert. So heißt es, vor der Zeit des Hipparchus, über vier Jahrhunderte später, sei jegliche verlässliche Vorhersage einer Sonnenfinsternis unmöglich gewesen.

Pantschenko rekapituliert noch einmal sämtliche Gründe, die der Glaubwürdigkeit von Thales' Leistung entgegenstehen. Dazu zählt der Umstand, dass bisher noch nie die von Thales verwendete Methode nachgewiesen wurde. Er räumt ein, dass es damals Tradition war, berühmten Männern Entdeckungen zuzuschreiben, die sie nicht gemacht haben. Auch dass die meisten heutigen Wissenschaftshistoriker die Geschichte als apokryph ansehen, hält ihn nicht davon ab, die Möglichkeit von Thales Vorhersage darzulegen.

Der erste Schritt wäre die Annahme, dass Thales den Saros-Zyklus von 223 synodischen Monaten oder 6585,32 Tagen gekannt hat. In der Wissenschaft herrscht weitgehend Einigkeit darüber, dass er sich bei seiner Vorhersage auf diese Methode stützte. Hier gibt es jedoch ein Problem. Im 6. vorchristlichen Jahrhundert kannte man den Saros-Zyklus bei Sonnenfinsternissen für einen bestimmten Ort auf der Erde noch nicht, denn die aufeinander folgenden Sonnenfinsternisse eines Saros-Zyklus sind um etwa 115 Längengrade verschoben, was ungefähr einem Drittel des Erdumfangs entspricht. Angesichts der damaligen Kommunikationsbedingungen konnte Thales unmöglich etwas von Sonnenfinsternissen wissen, die sich derart weit von Ionien entfernt ereigneten. Überdies wurde der Saros-Zyklus erst um 400 v. Chr. von den chaldäischen Astronomen entdeckt. Folglich konnte Thales seine Vorhersage nicht auf der Basis von Saros-Sonnenfinsternissen machen, die im Abstand von 18,61 Jahren aufeinander folgen.

Manche Gelehrte haben die These vertreten, Thales habe

den Ioniern nur erläutert, wie es zu einer Sonnenfinsternis kommt, und ihnen gesagt, dass solch ein natürliches Ereignis ganz und gar nicht gefährlich sei und wahrscheinlich irgendwann in der Zukunft wiederkehren werde. Doch auch dahinter verbirgt sich ein Problem. Die Griechen jener Zeit kannten Sonnenfinsternisse, und so ist es unwahrscheinlich, dass Thales' Ruhm allein auf der Ankündigung beruhte, irgendwann *könnte* es einmal zu einer Sonnenfinsternis kommen. Nein, er müsste schon das Datum oder doch wenigstens das Jahr einer bestimmten Sonnenfinsternis vorhergesagt haben.

Dank moderner Berechnungen der Daten von Sonnenfinsternissen, die damals von Ionien aus zu sehen waren, war Pantschenko in der Lage, eine plausible Theorie zu entwickeln, weshalb und wie Thales die Sonnenfinsternis vorhergesagt hat. Auch Pantschenko vermutet, Thales habe seine Landsleute beruhigen wollen, indem er sagte, dass vom Himmel her kein Unheil drohe. Er wollte klarstellen, dass es sich bei der Serie von drei Sonnenfinsternissen, die innerhalb weniger Jahre von Ionien aus zu sehen waren – sie sind in Tabelle 4A aufgelistet –, nur um einen Zufall der Natur handelte. Um ihnen noch mehr von ihren Ängsten zu nehmen, sagte Thales voraus, wann die nächste erfolgen würde. Es war ganz ungewöhnlich und in der Tat beunruhigend, dass innerhalb von drei Jahren an einem Ort drei Sonnenfinsternisse zu sehen waren, zumal die dritte eine totale war. Letztere, die Sonnenfinsternis vom 28. Mai 585 v. Chr., muss für die Ionier eine Furcht einflößende Erfahrung gewesen sein. In ihrer Magnitude erheblich größer als die beiden voraufgegangenen, kreuzte ihre zentrale Totalitätsbahn den Norden Anatoliens.

Tag der Sonnenfinsternis	Magnitude (in Milet)
29. Juli 588 v. Chr.	0,836
14. Dezember 587 v. Chr.	0,835
28. Mai 585 v. Chr.	0,905*

* Totale Sonnenfinsternis in Nordanatolien

Tabelle 4A Drei in Ionien sichtbare Sonnenfinsternisse

Obwohl die ionischen Griechen nicht sonderlich abergläubisch waren, muss es sie reichlich nervös gemacht haben, als sie drei Mal binnen drei Jahren Zeuge wurden, wie sich das Licht der Sonne verdunkelte. Sowohl Plutarch wie Thukydides berichten darüber, wie sich zu Zeiten von Sonnenfinsternissen unter den Griechen Angst breit machte. Plutarch erzählt in seinem *Leben des Perikles* eine aufschlussreiche Geschichte:

> Schon waren die Schiffe segelfertig, schon hatte Perikles seine Triere bestiegen, als plötzlich das Sonnenlicht erlosch und Finsternis sich verbreitete, so dass alle sich entsetzten; denn sie sahen darin ein gewaltiges Zeichen. Als Perikles bemerkte, dass der Steuermann seines Schiffes vor Angst nicht mehr aus noch ein wusste, hielt er ihm den Mantel vor die Augen und fragte den also Verhüllten, ob er nun ein schreckliches Unglück oder das Vorzeichen eines solchen zu erleben glaube. Als der Steuermann verneinte, fuhr er fort: »Wo ist denn ein Unterschied zwi-

schen dem, was hier, und dem, was dort geschieht, wenn nicht darin, dass der Gegenstand, welcher die Sonne verdunkelt, größer ist als mein Mantel?«

Laut Herodot machte Thales seine Vorhersage in der Form einer öffentlichen Ankündigung; es muss also anlässlich einer Versammlung wie etwa der pan-ionischen Festspiele gewesen sein, die alle vier Jahre stattfanden. Pantschenko vermutet, dass Thales nicht so tollkühn war, das genaue Datum vorauszusagen, findet aber in klassischen Quellen Belege für eine ungefähre Angabe des Jahres: Er müsse etwas gesagt haben wie »Ihr werdet eine Sonnenfinsternis vor unserem nächsten Fest erleben«.

Nun, ist es dazu gekommen? Kurz darauf gab es zwei weitere von dieser Region aus sichtbare Sonnenfinsternisse, nämlich am 21. September 582 und am 16. März 581 v. Chr. Da für die Griechen das Jahr mit der Sommersonnenwende im Juni begann, wären für die Ionier beide Sonnenfinsternisse in ein und dasselbe »Kalender«jahr gefallen, in das Jahr 582/581 v. Chr. – dasselbe Jahr, in dem Thales seines überragenden Geistes wegen öffentliche Anerkennung fand, indem er der erste Grieche wurde, dem man den Status des »Weisen« zuerkannte. Damit haben wir die Antwort auf die Frage »Weshalb« wie auch auf die nach dem »Wann«. Was wir noch nicht wissen, ist, »wie« der Weise unter den Ioniern vorhersagen konnte, dass die Sonnenfinsternisse von 582/581 v. Chr. vor den nächsten pan-ionischen Festspielen stattfinden würden.

Damals herrschten turbulente Zeiten im antiken Griechenland und im Nahen Osten. In der Zeit vor Thales' Leben und Wirken in Ionien hatte das Assyrerreich unter ständigen Attacken der Chaldäer und Meder gelitten und war zwischen 626–620 v. Chr. endgültig vernichtet worden. Bedeutende Städte in Assyrien, wie etwa Ninive, existierten nicht mehr. Vermutlich emigrierten viele Angehörige der dadurch entwurzelten Intelligenzija des Königreiches – insbesondere ausgebildete Astronomen und Astrologen – an den Hof des neuen Machtzentrums, also nach Ägypten. Ägypter und Assyrer hatten in den Babyloniern einen gemeinsamen Feind. Politisch gesehen war dies also eine Zeit, die die Verbreitung astronomischen Wissens von Assyrien nach Ägypten und dann weiter nach Ionien durchaus begünstigte.

Insofern ist es durchaus vorstellbar, dass Thales in Ägypten am Hof des Pharaos Necho (610–595 v. Chr.) Astronomen aus Assyrien begegnete. In anderen Schriftzeugnissen finden sich viele Hinweise auf seine Reisen nach Ägypten. Milet besaß sogar eine wichtige befestigte Kolonie am Nildelta. Thales, der Begründer der Astronomie bei den Griechen, könnte so von den im 8. und 7. vorchristlichen Jahrhundert von chaldäischen Priestern und Astrologen in Assyrien angelegten Aufzeichnungen über Sonnenfinsternisse erfahren haben. Nun lässt sich die dritte und letzte Sonnenfinsternis eines Tripel-Saros von 54 Jahren und einem Monat von demselben Ort aus beobachten wie die letzte Finsternis des vorausgegangenen Tripel-Saros. Wie schon in Abbildung 3.2 gesehen, bringen drei Durchgänge eines Saros-Zyklus die

Sonnenfinsternis wieder zum ursprünglichen Längengrad zurück. Die in Tabelle 4B aufgelisteten Sonnenfinsternisse wurden in Ninive von assyrischen Astronomen aufgezeichnet. Diese Serie von drei Tripel-Saros-Zyklen hätte Thales in die Lage versetzt, die Sonnenfinsternis vom 16. März 581 v. Chr. vorauszusagen.

Tag der Sonnenfinsternis	Magnitude
9. Dezember 744 v. Chr.	0,80
54 Jahre später:	
11. Januar 689 v. Chr.	0,83
54 Jahre später:	
12. Februar 635 v. Chr.	0,88
54 Jahre später:	
16. März 581 v. Chr.	Vorhersage

Tabelle 4B Drei im Tripel-Saros aufeinander folgende Vorläufer einer Sonnenfinsternis vom 16. März 581 v. Chr. (nach Beobachtungsaufzeichnungen in Ninive)

Möglicherweise bemerkte man zunächst einen anderen Zyklus von 27 Jahren. Die folgende Liste aus assyrischen Aufzeichnungen verzeichnet Sonnenfinsternisse, die alle im Abstand von 27 Jahren stattfanden:

9. Dezember 744 v. Chr.*
10. Dezember 717 v. Chr.
11. Januar 689 v. Chr.*
12. Januar 662 v. Chr.
12. Februar 635 v. Chr.*

Die mit einem Sternchen markierten Sonnenfinsternisse sind durch einen Abstand von 2 x 27 = 54 Jahren, also einem Tripel-Saros, getrennt. Auch die große Lücke nach der Sonnenfinsternis vom 12. Februar 635 v. Chr. dürfte mit Sicherheit einen Hinweis auf den dreifachen Saros-Zyklus von 3 x 18 = 2 x 27 = 54 Jahren gegeben haben.

Tabelle 4C führt eine Auswahl an großen Sonnenfinsternissen an, die in dem Zeitraum von 689–635 v. Chr. von Ninive aus zu sehen waren, sowie Sonnenfinsternisse, die in Milet beobachtet wurden und von denen Thales wahrscheinlich wusste. Falls Thales dank seiner Verbindungen in Ägypten Zugang zu all diesen Informationen hatte, ging er sehr wahrscheinlich von einem 54-Jahre-Zyklus aus. Durch einen Vergleich der beiden Reihen von Sonnenfinsternis-Daten hätte er einen solchen 54-Jahre-Zyklus erkennen können, ohne zu wissen, dass es sich um einen dreifachen 18-Jahre-Zyklus handelte. Die Sonnenfinsternis von 596 v. Chr. wäre für Thales der entscheidende Beleg für die Kontinuität der 54-Jahre-Serie gewesen. Von Ägypten oder Babylon aus war diese Sonnenfinsternis nur schwer zu beobachten, aber in Milet hätte Thales sie nicht verpassen können. Sie begann gegen 15:00 Uhr und erreichte ihr Maximum um 16:12 Uhr, also 38 Minuten vor Sonnenuntergang. Die Magnitude von 0,69 dürfte groß genug gewesen sein, um die Aufmerksamkeit der Bewohner von Milet zu erregen.

Bei seinem Plädoyer dafür, dass Thales seine Vorhersage auf der Basis des 54-Jahre-Zyklus traf, stützt sich Dmitri Pantschenko demnach nicht auf die Sonnenfinsternis vom 28. Mai

Ninive (v. Assyrern beobachtet)	Milet (Thales bekannt)	Zeitunterschied (in Jahren)
12. Jan. 662 v. Chr.	13. Feb. 608 v. Chr	54
15. April 657 v. Chr.	18. Mai 603 v. Chr.	54
7. Juni 651 v. Chr.	9. Juli 597 v. Chr.	54
21. Feb. 650 v. Chr.	23. Dez. 596 v. Chr.	54
6. April 648 v. Chr.	9. Mai 594 v. Chr.	54
11. Nov. 641 v. Chr.	14. Dez. 587 v. Chr.	54
12. Feb. 635 v. Chr.	16. März 581 v. Chr.*	54

* Von Thales vorhergesagt

Tabelle 4C In Ninive und Milet beobachtete Sonnenfinsternisse, 689–635 *v. Chr.*

585 v. Chr., sondern auf die von Milet aus sichtbare vom 16. März 581 v. Chr. Seine Hypothese hängt allein von der durchaus vernünftigen Vermutung ab, dass Thales mit der östlichen Astronomie vertraut war, und bringt klassische Texte und die Wissenschaftsgeschichte damit in Einklang. Das Datum passt genau zu Herodots Zeugnis und einem davon unabhängigen Bericht in griechischen Archiven aus dem Jahr, in dem Thales öffentlich als einer der »Sieben Weisen« des antiken Griechenland Anerkennung fand. Unklarheit herrscht weiterhin über den Zeitpunkt der Schlacht zwischen Medern und Lydern, die durch die Sonnenfinsternis zum Erliegen kam, weil etwa um dieselbe Zeit, am 21. September 582 v. Chr., eine weitere Sonnenfinsternis stattfand. Dennoch scheint Pantschenko eine Antwort auf jene Skeptiker gefunden zu haben, die eine für das 6. vorchristliche Jahrhundert bemerkenswerte Leistung kurzerhand verwerfen.

Die Zukunft dieser beiden bekannten, aber umstrittenen Aussagen über die Vorhersage von Sonnenfinsternissen im Altertum dürfte sehr unterschiedlich ausfallen. Ohne irgendwelche Schriftzeugnisse ist die Forschung zur Megalithkultur von Stonehenge praktisch an ihr Ende gekommen und wird künftig kaum noch viel Interesse wecken. Hingegen ist die Debatte über die in der Geschichte des klassischen Altertums aufgestellte spektakuläre Behauptung von Thales' Vorhersage einer Sonnenfinsternis wieder neu entfacht worden. Die brillante theoretische Arbeit des russischen Gelehrten Dmitri Pantschenko liefert eine plausible Erklärung für eine möglicherweise von Thales verwendete Methode. Überdies datieren die Tausenden von Keilschriftaufzeichnungen babylonischer Astronomen, die auf Tontafeln erhalten sind, aus einer Zeit, die um Jahrhunderte vor den Griechen liegt. Mit dem Fortgang der gegenwärtigen Erforschung des interkulturellen Austauschs zwischen unterschiedlichen Ländern der antiken Welt dürfte sich ein klareres Bild ergeben, wie Thales bei seiner berühmten Vorhersage vorgegangen sein könnte. Das Fehlen irgendeiner Erklärung, wie es zu einer solchen Vorhersage hätte kommen können, war bislang für viele zeitgenössische Historiker der große Stolperstein. Jetzt steht zu erwarten, dass die unter Wissenschaftshistorikern geführte Kontroverse um Thales noch eine lebhafte Zukunft haben wird.

EINER SONNENFINSTERNIS AUF DER SPUR

Obwohl die Sonne wolkenverhangen war,
waren wir sicher, dass sie dort nicht total war,
wie es Dr. Halley, damals des Königs Astronom,
mit seiner Karte alle Welt hatte erwarten lassen.
James Logan nach seinem vergeblichen Versuch,
die totale Sonnenfinsternis von 1724 zu beobachten.

Es gibt eine beliebte Legende der Wissenschaftsgeschichte, wonach Edmond Halley (1656–1742) in einem Kaffeehaus am Londoner Strand saß und mit zweien der besten Naturwissenschaftler seiner Zeit debattierte, nämlich Robert Hooke (1635–1703) und Christopher Wren (1632–1723). Sie stritten sich über die Naturgesetze, die die Anziehung zwischen der Sonne und den Planeten sowie die Bahnen der Planeten um die Sonne bestimmen. Nachdem allerlei Argumente ausgetauscht und großspurige Behauptungen – vor allem von Seiten Hookes – geäußert waren, kam man überein, dass es nur einen Menschen gebe, der den Disput würde beilegen können, und so wurde denn Halley ausgewählt, nach Cambridge zu reisen und dem großen Isaac Newton das Problem zu unterbreiten. »Welche Art Planetenbahn ergäbe sich, wenn die Anziehungskraft der Sonne dem quadratischen Abstands-

Abb. 5.1 Edmond Halley

gesetz folgte?«, fragte Halley. »Eine Ellipse«, war Newtons Antwort.

Diese eine im Jahre 1684 gestellte Frage setzte eine Forschung in Gang, die in einer der größten naturwissenschaftlichen Errungenschaften aller Zeiten gipfelte. Newton konnte Halley bei jener ersten Begegnung zwar keinen Beweis für seine Aussage geben, versprach jedoch, diese Lösung zu liefern. Halley hoffte, Newton werde auf mathematischem Wege demonstrieren, wovon die Naturwissenschaftler des 17. Jahrhunderts bereits ausgingen. Die meisten von ihnen glaubten, dass für die Schwerkraft ein quadratisches Abstandsgesetz gelte – dass also die Anziehungskraft zwischen zwei Körpern entsprechend dem Quadrat ihrer Entfernung voneinander abnimmt. Bei einer Verdoppelung des Abstands würde sich die Schwerkraft auf ein Viertel des Ausgangswerts verringern, und verdreifachte sich die Entfernung, betrüge die Schwerkraft nur mehr ein Neuntel usw. Zudem war aus den Keplerschen Gesetzen allgemein bekannt, dass sich die Planeten in elliptischen Bahnen bewegen. Newton blieb es überlassen, diese beiden Ideen miteinander zu verknüpfen.

Newton erweiterte sogleich die Fragestellung und verfasste eine kurze Schrift mit dem Titel *De moto corporum* – »Über die Bewegung von Körpern« –, die er an Halley sandte. Halley war so begeistert, dass er Newton bat, die Sache ausführlicher zu behandeln. Während der folgenden beiden Jahre ermunterte und drängte er den eher verschlossenen Newton, seinem Genie freien Lauf zu lassen. Nach anderthalb Jahren intensiven Rechnens und Schreibens bewies Newton nicht nur, dass das quadratische Abstandsgesetz der Grund für die Ellipsenform der Umlaufbahn von Planeten ist, sondern hatte am Ende nahezu sämtliche Probleme der Bewegung am Himmel und auf der Erde gelöst.

Während dieser Zeit war Halley gleichsam Newtons Therapeut, der ihn wieder beruhigte, wenn es mit anderen, insbesondere mit seinem Erzrivalen Hooke, zu erbitterten Briefwechseln gekommen war. Halley, der genauer als jeder andere die Wichtigkeit von Newtons Werk erkannte, sorgte für die Veröffentlichung des fertigen Buches und stellte sogar eigene Finanzmittel zur Verfügung, um die Druckkosten zu begleichen. Das Ergebnis waren die *Philosophiae Naturalis Principia Mathematica* (»Mathematische Grundlagen der Naturphilosophie«) von 1687, vielleicht das wichtigste Werk über Physik aller Zeiten. In seiner »Ode an Newton«, die er den *Principia* als Einleitung voranstellte, schrieb Halley: »Näher den Göttern kann kein Sterblicher gelangen.«

Eine Anwendungsweise von Newtons neuer Theorie war eine Beschreibung der elliptischen Bahn des Kometen aus dem Jahre 1682, den Halley erforscht hatte. Mit Hilfe von Newtons Ergebnissen entdeckte Halley, dass der Komet dieselbe Bahn aufwies wie einer, den man 1607 beobachtet hatte. Daraufhin nahm er sich die Berichte über einen 1531 gesichteten Kometen vor und stieß erneut auf dieselbe Umlaufbahn. Er verkündete, bei diesen »verschiedenen« Kometen handele es sich um ein und dasselbe Objekt, das sich ungefähr alle 76 Jahre der Erde nähere. Auf Grund dieser Bahninformationen sagte Halley voraus, der Komet werde im Jahre 1758 erneut zu sehen sein.

Halley starb 1742, 15 Jahre nach Newton, aber die Astronomen der Welt vergaßen seine Vorhersage nicht. Als dann jedoch das von ihm genannte Jahr ins Land ging, ohne dass jemand den Kometen sah, machte sich zunehmend Enttäuschung breit. Am Weihnachtsabend schließlich war es dann aber so weit: Der Dresdner Amateurastronom Johann Palitzsch geriet in helle Aufregung, als er am nächtlichen Himmel ein Objekt sichtete. Es war freilich nicht der Stern von Bethlehem, sondern Halleys Komet, wie man ihn schließlich nannte, der aus den Weiten seiner elliptischen Umlaufbahn ins innere Sonnensystem zurückgekehrt war.

Nach Ansicht des in Harvard lehrenden Astronomiehistorikers Owen Gingerich hatte Halley schlicht Glück mit seiner Entdeckung, dass die Umlaufbahnen der »drei Kometen« einander glichen. Der nach ihm benannte Komet ist nämlich der einzige von den inzwischen etwa 140 bekannten, periodisch wiederkehrenden Kometen, der wirklich hell leuchtet, und nur bei ihm hatte Halley die Chance, ohne die Hilfe eines Teleskops einen wiederkehrenden Kometen zu entdecken. Zwar starb er, ohne den Kometen noch einmal gesehen zu haben, doch ist sein Name auf Grund seiner fabelhaften Detektivarbeit zu Recht unsterblich geworden.

Halley war ein Mann mit vielen Talenten, ein glänzender Mathematiker, Astronom und Physiker, der wegen seiner frühen Forschungsarbeiten über Winde und die Gezeiten als Begründer der Geophysik gilt. Als Erster errichtete er in der südlichen Hemisphäre, auf der Insel St. Helena, ein astronomisches Observatorium und katalogisierte von dort aus den südlichen Sternenhimmel. Er war aktives Mitglied der Royal Society und wirkte viele Jahre als deren Sekretär. Später übernahm er zahlreiche königliche Aufträge, darunter Reisen in den Südatlantik, um Anzeigen des Magnetkompasses zu untersuchen, sowie geheime diplomatische Missionen an den Wiener Hof. Diese Tätigkeiten sicherten ihm die Berufung zum Professor für Astronomie in Oxford, eine Position, die schon sein Freund Christopher Wren innegehabt hatte, der ihn einst auf den Weg nach Cambridge schickte, um Newton um Hilfe zu bitten. Während der letzten rund zwanzig Jahre seines Lebens arbeitete er als Königlicher Astronom am Observatorium von Greenwich im Osten Londons.

EINE KURZE GESCHICHTE DER EKLIPSENBAHNEN

Eine von Halleys weniger bekannten Leistungen war die Vorhersage der Bahn einer Sonnenfinsternis, die im Jahre 1715 Südengland kreuzte. Es dürfte das erste Mal gewesen sein, dass jemand die Bewegung des Mondschattens über die Erde hinweg berechnete. Jedenfalls können wir Halleys Berechnung als den Beginn der modernen Eklipsenastronomie ansehen. Es gelang ihm, seine Vorhersage der Mondschattenbahn auf einem einseitig bedruckten Flugblatt zu publizieren, das auf den Straßen Londons verkauft wurde. Er hatte gute Gründe dafür. Um seine Berechnung der Schattenbahn zu überprüfen, war er auf Beobachtungsberichte aus ganz Südengland angewiesen. Halley sorgte dafür, dass Beobachtungen von sechs Standorten am Rande des Kernschattens sowie von neun weiteren in seinem Inneren aus stattfanden, darunter einem am Observatorium von Greenwich.

Abbildung 5.2 zeigt die Bahn des Mondschattens im Verlauf der Sonnenfinsternis von 1715, nachdem man sie anhand der Beobachtungsberichte korrigiert hatte. Die weißen Flecken innerhalb des Kernschattens geben die Positionen der Beobachter an, die in Halleys Auftrag aufzeichnen sollten, ob die Sonnenfinsternis bei ihnen eine totale war. Der Vergleich dieser Beobachtungen mit seinen errechneten Daten sollte es Halley ermöglichen, den Rechenvorgang entsprechend anzupassen und so die Genauigkeit künftiger Vorhersagen zu erhöhen. Angesichts der Seltenheit von Sonnenfinsternissen

Schattenbahn von 1724

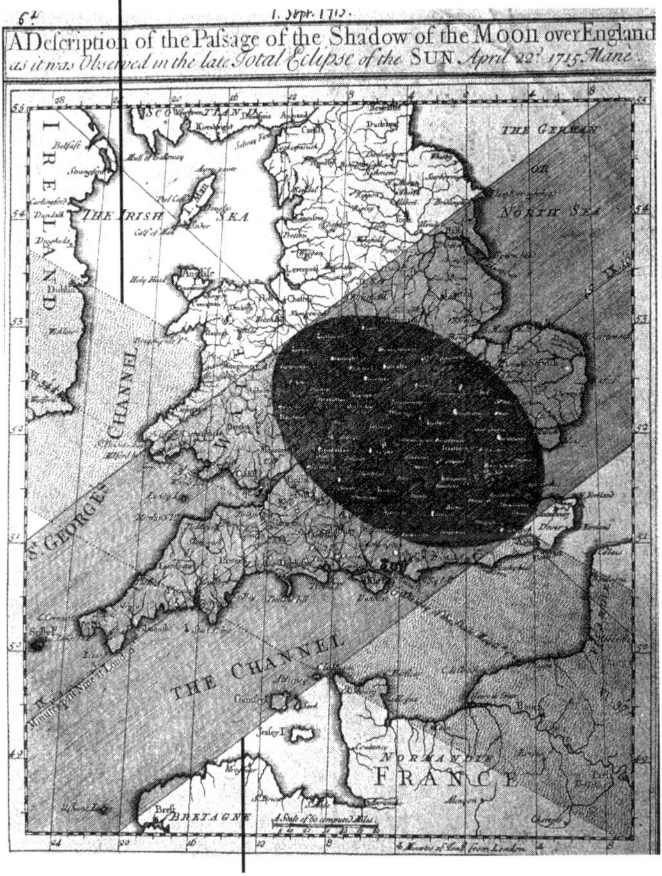

Schattenbahn von 1715 (korrigiert)

Abb. 5.2 Halleys Voraussagen der von England aus zu sehenden Sonnenfinsternisse von 1715 und 1724

könnte man meinen, Halley habe damit seine Zeit verschwendet. Er wusste jedoch von einem bemerkenswerten Umstand: Nur neun Jahre später, 1724, erwartete man eine weitere Sonnenfinsternis, deren Schattenbahn über London hinwegziehen würde. Halley wollte ihre Bahn mit seinem verbesserten Verfahren berechnen.

Bald war Halley nicht mehr der Einzige, der den Versuch unternahm, die künftigen Bahnen des Mondschattens über die Erdoberfläche hinweg zu berechnen. Derlei Voraussagen blieben freilich stets ungenau, und viele, die gern eine Sonnenfinsternis beobachtet hätten, wurden durch fehlerhafte Bahnberechnungen enttäuscht. Zur Zeit der Sonnenfinsternis von 1724 hielt sich ein Amerikaner namens James Logan (1674–1751) auf einer Geschäftsreise in London auf. Weil das Vergnügen dabei nicht zu kurz kommen sollte, beschloss er, sich an einen Ort innerhalb der Totalitätszone zu begeben, wie er sie Halleys Karte der Mondschattenbewegung entnehmen konnte. Diese hatte man zusammen mit der korrigierten Bahn von 1715 auf einem weiteren Flugblatt veröffentlicht (siehe Abbildung 5.2).

Diesmal brachten auch andere Flugblätter über die Sonnenfinsternis heraus, darunter William Whiston (1667–1752), Newtons Nachfolger auf dessen Lehrstuhl in Cambridge. Die von Whiston vorausgesagte Schattenbahn wich von derjenigen Halleys ab, aber Logan entschied sich, dem renommierteren Halley zu vertrauen, der inzwischen zum Königlichen Astronomen berufen worden war. So begab sich Logan mit Halleys Karte nach Schloss Windsor, um von dort aus die

Sonnenfinsternis zu beobachten. Dem Königlichen Astronomen scheint jedoch ein Fehler unterlaufen zu sein. Für die Menschenmassen, die sich von London aus nach Windsor aufgemacht hatten, wurde das Ereignis zu einer großen Enttäuschung. Logan notierte sich: »Wo wir sie gewisslich total zu finden erwarteten, aber obwohl die Sonne wolkenverhangen war, waren wir sicher, dass sie dort nicht total war, wie es Dr. Halley, damals des Königs Astronom, mit seiner Karte alle Welt hatte erwarten lassen, und deshalb ist diese Karte von Mr. Whiston bei weitem die wirklichkeitsgetreueste.« Die Frage, wer die korrekte Bahn hatte, Halley oder Whiston, ist kürzlich geklärt worden. Owen Gingerich hat beide Bahnen nachgerechnet und gezeigt, dass der tatsächliche Rand der Totalitätszone in der Mitte zwischen den von Halley und Whiston veröffentlichten Positionen lag.

Da eine Sonnenfinsternis exakt anzeigt, wo der Mond im Verhältnis zur Sonne steht, erlaubte es die Sonnenfinsternis von 1724 den Astronomen, die Genauigkeit ihrer Mondtabellen zu verbessern. Dabei handelt es sich um Tabellen, die die Position des Mondes auf der Himmelskugel für jeden künftigen Zeitpunkt angeben. Als der englische König in den fünfziger Jahren des 18. Jahrhunderts einen hoch dotierten Preis für denjenigen aussetzte, der ein genaues Verfahren zur Bestimmung des Längengrades auf See ersann, hätten diese Tabellen beinahe den Preis gewonnen. Eine von dem Königlichen Astronomen Nevil Maskelyne vorgeschlagene Lösung sah vor, die geographische Länge durch Mondpeilungen vom Schiff aus zu bestimmen. Genaue Mondtabellen untermauerten seinen Vorschlag, aber die 20 000 Pfund gingen schließlich an John Harrison für seine Erfindung des Seechronometers. Allerdings sprach das Preiskomitee der Witwe des Nürnberger Kartenmachers Tobias Mayer für dessen Arbeiten an den Mondtabellen einen Betrag von 3000 Pfund zu.

Nicht alle Geschichten über Beobachter, die sich im 18. Jahrhundert an Voraussagen von Sonnenfinsternissen hielten, verliefen so erfolgreich oder ereignislos wie die von Halley oder Whiston. Der Harvard-Professor Samuel Williams wollte die totale Sonnenfinsternis von 1780 von dem an der Atlantikküste liegenden Maine aus beobachten, stieß dabei aber auf ein kleines Problem. Noch war der amerikanische Unabhängigkeitskrieg im Gange und Maine von den Truppen des englischen Königs George besetzt. Weil sie nicht unfair sein wollten und wissenschaftliche Forschungsreisen immer interessant fanden, gestatteten die Briten der Expedition, die Penobscot Bay anzulaufen, die Williams zufolge innerhalb der Totalitätszone liegen würde. So war denn um der Wissenschaft willen ein »Waffenstillstand« arrangiert worden.

Man kann sich die Enttäuschung ausmalen, als Williams kurz nach der Ankunft die Höhe der Sonne am Mittag maß und feststellte, dass er und die ganze Beobachtungsgruppe sich am falschen Breitengrad befanden. Die Totalitätszone würde etwa 30 Kilometer nördlich ihres Standorts vorbeiziehen, und fatalerweise hatte ihn der britische Kommandeur strikt angewiesen, sich nicht von der vereinbarten Position fortzubewegen. In der kurzen verbleibenden Zeit bis zur Sonnenfinsternis konnte Williams unmöglich über eine neue

Beobachtungsposition verhandeln. Allem Anschein nach hatte er sich bei seinen Berechnungen auf die Mondtabellen gestützt, für die Tobias Mayers Witwe die schon erwähnten 3000 Pfund erhalten hatte, und deshalb eine Position unterhalb der südlichen Totalitätsgrenze bezogen. Jedenfalls ließ die Voraussage des genauen Verlaufs des Mondschattens im 18. Jahrhundert offenkundig noch manches zu wünschen übrig. Vielleicht war das Problem ja mit Hilfe einer Maschine zu lösen.

DAS EKLIPSAREON

Ungefähr zu der Zeit, als Williams in der Penobscot Bay sein Debakel erlebte, hatte man in England ein Gerät entwickelt, das die Vorhersagen von Sonnenfinsternissen verbessern oder doch wenigstens den wahrscheinlichen Verlauf der Schattenbahn anzeigen sollte. Der in Abbildung 5.3 wiedergegebene Stich stammt aus John Chambers *Cyclopedia* von 1779 und zeigt das Eklipsareon, dessen einziger Zweck darin bestand, die Bahn des Mondschattens auf der Erde während einer Sonnenfinsternis anzuzeigen. Erreicht wurde dies, indem man die Koordinatenpositionen von Mond und Sonne auf einen Schirm projizierte. Dieser durch Kerzenlicht beleuchtete Schirm warf einen Schatten auf einen sich drehenden Globus, der die Rotation der Erde nachbildete. Die diversen Bahnparameter von Sonne, Mond und Erde wurden mechanisch eingestellt. Drehte man dann eine Kurbel, sollte das

Abb. 5.3 Das Eklipsareon, 1779, zur Anzeige der Schattenbahn einer totalen Sonnenfinsternis (Beschreibung im Text)

Gerät den gesamten Verlauf des Mondschattens während einer Sonnenfinsternis zeigen. Das Eklipsareon war zwar ein kostbares Artefakt aus einem für seine mechanischen Gerätschaften berühmten Jahrhundert, aber alles andere als genau und zuverlässig. In der *Cyclopedia* findet sich folgende detaillierte Beschreibung:

Es handelt sich um ein von Mr. Ferguson erfundenes Instrument zur Bestimmung von Zeit, Größe, Dauer und Verlauf von Sonnenfinsternissen in allen Teilen der Erde. Die Maschine besteht aus einem Erdglobus, der mittels einer Kurbel um seine Halterung B gedreht wird, die um 23,5 Grad geneigt ist und einen Zeiger um den Stundenkreis D trägt. Eine runde Platte E, auf welcher die Monate und Tage des Jahres eingraviert sind und die den Globus dergestalt trägt, dass, wenn ein bestimmter Tag eines Monats auf den Jahreszeiger G gedreht wird, die Halterung der Achse mit der Erdachse zu diesem Zeitpunkt gleichgerichtet ist. Die Spitze eines Drahtes F zeigt auf die Mitte der beleuchteten Erdscheibe und auf die Stelle, wo die Sonne zum gegebenen Zeitpunkt vertikal steht. Eine Penumbra, eine dünne runde Messingplatte I, die durch 12 konzentrische Kreise in 12 Ringe unterteilt und der Größe des Globus so angepasst ist, dass ihr Schatten – erzeugt durch die Sonne mittels einer in der richtigen Distanz platzierten Kerze, deren Strahlen durch eine konvexe Linse geleitet werden, wodurch sie parallel auf die Erde fallen – jene Teile des Globus bedecken kann, die Schatten und Halbschatten des Mondes bedecken. Ein aufrecht stehender Rahmen H, an dessen Seiten sich Skalen der Mondbreite samt zwei daran angebrachten Schiebern K und K befinden, mit deren Hilfe das Zentrum der Penumbra immer auf den Breitengrad des Mondes ausgerichtet werden kann. Ein Sonnenhorizont C, der die beleuchtete von der unbeleuchteten Hemisphäre trennt und die Orte zeigt, wo die allgemeine Sonnenfinsternis mit dem Aufgang und Untergang der Sonne beginnt und endet, und eine Kurbel M, die mittels eines Räderwerks den Globus um seine Achse dreht und die Penumbra über die Rollen L mit der Geschwindigkeit bewegt, die maßstäblich derjenigen des Mondschattens über die Erde entspricht, während die Erde sich um ihre Achse dreht.

ON THE SUNNY SIDE OF THE STREET

Innerhalb der Totalitätszone von 1715 stellte Halley Beobachter auf, weil er seine Berechnungen anhand der tatsächlichen Sonnenfinsternis überprüfen wollte. In der Geschichte haben ehrgeizige Astronomen des Öfteren ein entsprechendes Experiment angestellt, um ihre Vorhersagen anhand der Rückmeldungen von Beobachtern zu verbessern. Damit hatte man eine Möglichkeit, die Vorhersagemethoden zu evaluieren und festzustellen, wie exakt sie tatsächlich waren. So hatte Johannes Kepler bereits Anfang 1605 einen solchen Versuch unternommen. In Prag selbst, wo Kepler als Kaiserlicher Mathematiker am Hof von Kaiser Rudolph II. wirkte, war die Sonnenfinsternis jenes Jahres zwar keine totale, doch er hatte an Astronomen in ganz Südeuropa geschrieben und sie gebeten, ihm Berichte über ihren Standort und ihre Beobachtungen zu schicken.

Der systematischste Versuch, Beobachter einzusetzen, um die exakten Schattengrenzen einer Sonnenfinsternis zu überprüfen, fand im Jahr 1925 in New York statt. Eine Gruppe amerikanischer Astronomen sorgte dafür, dass sorgsam instruierte Beobachter entlang den Straßen Manhattans Position bezogen. Der Südrand des Mondschattens würde über dieses dicht besiedelte Gebiet hinwegziehen, und so bot sich eine ausgezeichnete Gelegenheit, mit Hilfe vieler Beobachter den exakten Verlauf des Schattenrandes zu bestimmen.

Berechnungen anhand von Mondtabellen ließen erwarten, dass der Rand des Kernschattens Manhattan irgendwo zwischen der 83. und 110. Straße überqueren werde. Die totale Fehlermarge dieser Vorhersage betrug 1,5 Kilometer. Um ihre Vorhersagen zu überprüfen, stationierten die Astronomen also entlang der ganzen Strecke von der 72. bis zur 135. Straße an jeder Kreuzung Beobachter, gewöhnlich auf dem Dach von Apartmenthäusern, damit sie die bestmögliche Sicht hätten. Insgesamt kamen 69 Männer zum Einsatz, von denen jeder mit einem Stück geschwärztem Glas ausgerüstet war. Alle hatten Anweisung, während der Zeit der Totalität zur Sonne zu blicken, um festzustellen, ob die Korona sichtbar war oder ob noch ein leuchtender Rand der Sonne übrig blieb. Alle sollten sich unmittelbar nach der Sonnenfinsternis in einem zentralen Büro melden.

Nur ein Einziger der 69 Männer war sich nicht ganz sicher, ob er die Korona gesehen hatte, während die übrigen 68 ohne Wenn und Aber ihr Urteil abgaben. Den Hudson entlang verläuft von Norden nach Süden der Riverside Drive. Ein Beobachter, der am Riverside Drive 240 stationiert war, hatte die Korona, also eine totale Sonnenfinsternis, gesehen, wäh-

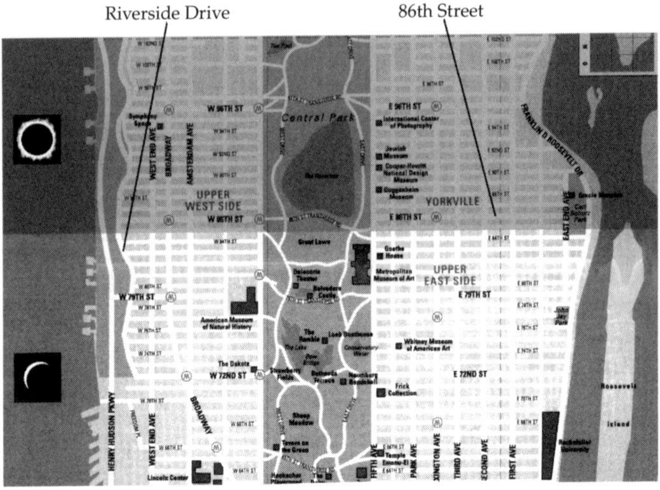

Abb. 5.4 Der Kernschattenrand des Mondes, wie er nach den Aussagen von Beobachtern am 25. Januar 1925 über Manhattan zog.

rend ein anderer vom Riverside Drive 130 aus noch ein kleines unverdecktes Stückchen Sonne und demnach nur eine partielle Sonnenfinsternis beobachtet hatte. Die Entfernung zwischen diesen beiden Männern betrug nur knapp 70 Meter, etwa drei mal die Breite der 86. Straße. Bis auf diesen Genauigkeitsgrad wurde demnach im Osten von Manhattan der Verlauf des Totalitätsschattenrandes ermittelt (Abbildung 5.4).

Anderen Beobachtern entlang des East River gelangen ähnliche Beobachtungen, so dass man die Bahn des Mondschattens quer über New York City hinweg akkurat bestimmen konnte. Es erstaunt, dass bei ungeübten Beobachtern, die allesamt ihre erste Sonnenfinsternis erlebten, eine solche Ein-

Abb. 5.5 Fotomontage mehrerer Aufnahmen eines geostationären Satelliten von der Schattenbahn des Mondes über den Globus während der totalen Sonnenfinsternis vom 11. Juli 1999

mütigkeit herrschte. Offenbar ist es sehr einfach, sich darüber klar zu werden, ob man die Korona gesehen hat. Ähnliche Versuche waren schon bei früheren Sonnenfinsternissen angestellt worden, aber nie erfolgreich gewesen. Allerdings sah kein Einziger der Beobachter des Jahres 1925 auf Manhattan den Rand des Mondschattens auf der Erde, obwohl sich eine ausgezeichnete Gelegenheit dazu bot – der Boden war ganz von Schnee bedeckt. Offenbar ist der Rand des Mondschattens, der immerhin aus der entfernten Mondbahn auf die Erde geworfen wird, nicht scharf abgegrenzt, sondern verschwimmt.

Auf dem in Abbildung 5.5 gezeigten, bemerkenswerten Foto ist dieser verschwommene Rand des Mondschattens deutlich zu sehen. Die Aufnahme wurde am 11. Juli 1991 von einem Satelliten gemacht. In Wirklichkeit handelt es sich um eine Montage aus mehreren Bildern, die im Abstand von dreißig Minuten während des Verlaufs jener Sonnenfinsternis entstanden, die im Prolog beschrieben ist. Die Aufnahme wurde an mehrere Empfangsstationen übermittelt und noch am selben Tag ins Internet gestellt. Der Schattenfleck mit einem Durchmesser von 300 Kilometern zog von Hawaii nach Mexiko und von dort über Mittel- und Südamerika hinweg. Auf dem Foto ist die Küste Südamerikas zu erkennen.

Die Bahn der Totalitätszone ist sehr schmal und überquert häufig, wie auch in diesem Fall, Ozeane und abgelegene Weltgegenden. Eine partielle Sonnenfinsternis sahen am 11. Juli 1991 viele Beobachter innerhalb der gewaltigen Halbschattenzone, die damals einen Großteil von Nord- und Südamerika überstrich. Wie bei allen modernen Sonnenfinsternissen hatte auch diesmal das US Naval Observatory anderthalb Jahre vorher eine Karte mit dem kompletten Verlauf des Kern- und Halbschattens veröffentlicht (Abbildung 5.6). Die Karte zeigt die Bahn des Kernschattens sowie die Regionen, von denen aus eine totale oder eine partielle Sonnenfinsternis zu sehen waren. Das nordamerikanische Festland berührte der Kernschatten erstmals an der Baja-Halbinsel, nachdem er

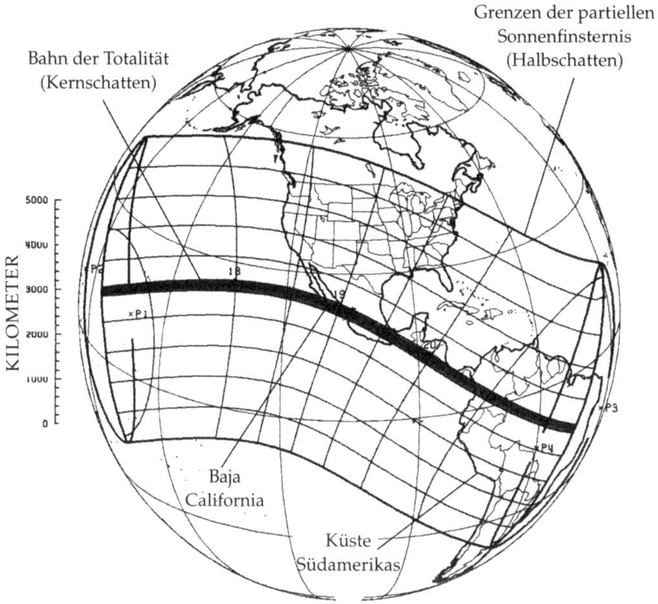

Abb. 5.6 Mit dem Computer errechnete Bahn des Kern- und Halbschattens des Mondes bei der totalen Sonnenfinsternis vom 11. Juli 1991

den Pazifik von Hawaii kommend überquert hatte. Zusätzlich zu Kartenmaterial über die Schattenbahn veröffentlicht das US Naval Observatory die exakten Zeiten, die präzisen Orte von Sonne und Mond am Himmelsglobus, Himmelskarten, die angeben, welche Sterne und Planeten von diversen Orten aus zu sehen sein werden, und sogar die voraussichtlichen Wetterbedingungen.

Diese Berechnung von Sonnenfinsternissen ist mittlerweile vom NASA Raumflugzentrum in Greenbelt in Maryland übernommen worden. Der NASA-Mitarbeiter Fred Espenak veröffentlicht vor jeder Sonnenfinsternis Karten und Daten, und zwar nicht nur in Form einer Broschüre, sondern auch im Internet. Die analytischen Techniken, die für diese Vorhersagen verwendet werden, entwickelte im 19. Jahrhundert der deutsche Mathematiker Friedrich Wilhelm Bessel. Diese unter dem Namen Bessel-Funktionen bekannten mathematischen Instrumente ermöglichen die Umwandlung von Himmelskoordinaten in terrestrische. Die Berichte geben die exakten Breiten- und Längengrade für Punkte auf der Erde an, die innerhalb der Totalitätszone liegen, und zwar im Abstand von fünf Minuten über das ganze Band der Sonnenfinsternis hinweg. Überdies werden die genauen Koordinaten von Sonne und Mond auf der Himmelskugel für den genauen Zeitpunkt an den Orten genannt, von denen aus die Sonnenfinsternis zu sehen ist. Schließlich werden Tabellen zur Verfügung gestellt, die die exakten Zeiten und örtlichen Koordinaten des ersten, zweiten, dritten und vierten Kontakts und der maximalen Verfinsterung für Hunderte von Städten aufführen, die der Mondschatten berührt. Aus diesen Daten lassen sich durch die Verarbeitung der Koordinaten zu graphischen Darstellungen Sonnenfinsternis-Karten erstellen. Es handelt sich also um ein vollständiges Kompendium einer Sonnenfinsternis. Die Sonnenfinsternis-Webseite der NASA enthält eine Fülle interessanter Informationen.

WO ZIEHT DER MONDSCHATTEN ÜBER DIE ERDE?

Die Berechnung des exakten Orts des Mondschattens mag als ein ziemlich anspruchsvolles technisches Unterfangen erscheinen, und in der Tat ist die Vorhersage der Bahnen von Sonnenfinsternissen ein schwieriger Vorgang. Mehrere voneinander unabhängige Faktoren haben gleichzeitig Einfluss darauf, wo die Bahn verläuft. Einen Eindruck von dem Zusammenspiel dieser Faktoren gewinnt man, wenn man nachvollzieht, wohin der Schatten auf die Erdoberfläche in Relation zur Bewegung des Mondes in seiner Umlaufbahn nahe einem der Knoten fällt. Abbildung 5.7 zeigt den Mond in der Nähe eines absteigenden Knotens und ähnelt Zeichnungen in früheren Kapiteln, die die Ekliptikgrenzen veranschaulichen sollten. Die vier Positionen a, b, c und d zeigen die Sonne verfinsternde Neumonde an vier unterschiedlichen Positionen in Bezug auf einen absteigenden Knoten. An Position a kommt es zu einer Sonnenfinsternis, wenn der Neumond ein ganzes Stück vom Knoten entfernt ist und nördlich der Ekliptik steht. Dieser Neumond befindet sich innerhalb der Eklip-

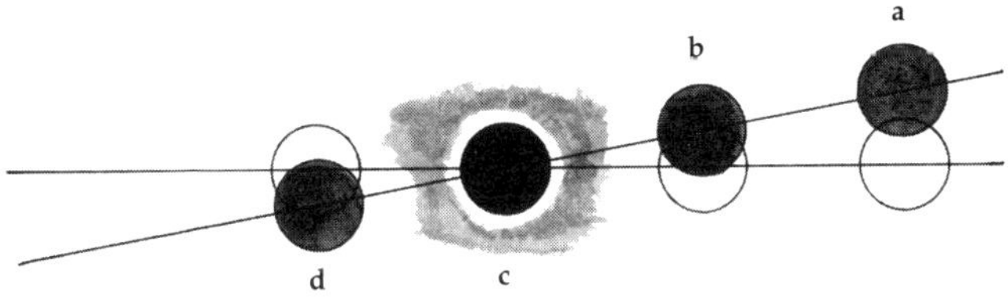

Abb. 5.7 Sonnenfinsternisse durch Neumonde an unterschiedlichen Positionen nahe einem absteigenden Knoten

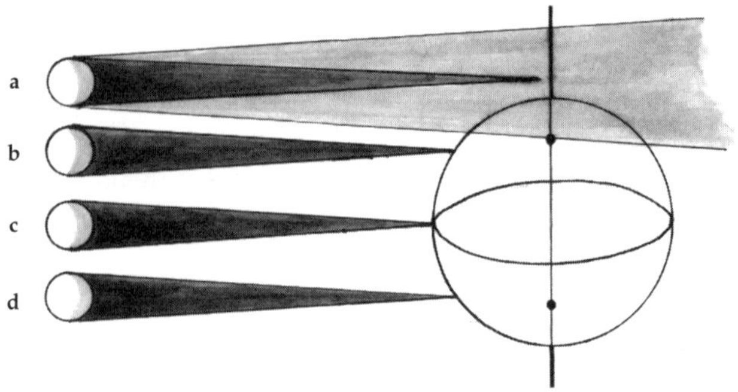

Abb. 5.8 Schattenwürfe des Mondes bei entsprechenden Positionen nahe einem absteigenden Knoten

tikgrenze, so dass eine partielle Sonnenfinsternis stattfindet. Diese Position entspricht Position a in Abbildung 5.8, auf der der Mond und der von ihm geworfene Schatten nahe der Erde zu sehen ist.

Befindet sich der Mond im Norden der Ekliptik, dann fällt der Mondschatten in Richtung der nördlichen Hemisphäre. Es ist eine partielle Sonnenfinsternis zu sehen, bei der der Halbschatten knapp den oberen Teil der nördlichen Hemisphäre überstreicht. Bei Position b ist der Mond näher an den Knoten herangerückt, steht aber immer noch nördlich der Ekliptik. Jetzt findet die Verfinsterung der Sonne nahe genug beim Knoten statt, um, wie die entsprechende Abbildung zeigt, eine totale Sonnenfinsternis zu bewirken. Dabei trifft der Kernschatten die Erde im mittleren Bereich der nördlichen Hemisphäre.

In Position c befindet sich der Neumond direkt auf der Ekliptik, und der Schatten fällt sehr nahe beim Äquator auf die Erde. In diesem Fall kommt es in den Tropen oder in ihrer

Nähe zu einer zentralen Sonnenfinsternis, und zwar entweder zu einer totalen oder zu einer ringförmigen. In Position d schließlich steht der Mond im Süden der Ekliptik, und sein Schatten fällt auf die südliche Halbkugel. Grob gesprochen ist dies die Erklärung dafür, weshalb eine Sonnenfinsternis in unterschiedlichen Breiten auf der Erde stattfindet – eben weil ein Zusammenhang zwischen der Position des Neumonds in der Nähe eines Knotens und dessen Schatten auf der Erde besteht.

Dabei handelt es sich jeweils nur um qualitative Beschreibungen der Schattenbahnen von Sonnenfinsternissen. Die exakten Bahnen von Kern- und Halbschatten in Karten wie beispielsweise Abbildung 5.6 sind mit Computern berechnet, die wesentlich genauer den gleichzeitigen Einfluss aller Variablen berücksichtigen.

WIE LANG DAUERT DIE TOTALITÄT?

Für die Sonnenfinsternis-Jäger auf der ganzen Welt ist die Dauer der Verfinsterung an einem bestimmten Ort von alles entscheidender Bedeutung. Für den jeweiligen Ort hängt dies hauptsächlich von drei Variablen ab: von der Umlaufgeschwindigkeit des Mondes, während er an der Sonne vorbeizieht, der Rotationsgeschwindigkeit der Erde an diesem Ort sowie der Größe des Mondschattens. Die Größe des Schattens wird von den Bahnentfernungen des Mondes von der Erde und der Erde von der Sonne bestimmt. Ein weiterer

Faktor ist der Grad der Längenverzerrung des Schattens, der durch die Erdkrümmung erzeugt wird. Dieser wird von der Tageszeit bestimmt, zu der der Schatten an einem bestimmten Ort auf die Erde fällt.

Kennt man erst einmal den Durchmesser des Schattens, wie er von der Erde eingefangen wird, dann lässt sich die Dauer der Totalität leicht ermitteln. Als Erstes muss die Geschwindigkeit des Schattens über die Erde hinweg berechnet werden. Der Mond bewegt sich auf seiner Umlaufbahn um annähernd einen Durchmesser pro Stunde vorwärts, genauer gesagt mit ungefähr 3400 km/h (im Durchschnitt, je nach seiner Entfernung von der Erde). Dies entspricht in etwa auch der Geschwindigkeit, mit der der Mondschatten über die Erde hinwegzieht.

Während der Mondschatten über die Erdoberfläche rast, rotiert jedoch die Erde – und rotieren mit ihr die Beobachter auf der Erde – in derselben Richtung um die eigene Achse, was den Schatten verlangsamt. Es ist wie bei zwei Autos auf einer Autobahn. Wenn ein Beobachter mit 100 km/h fährt und sich von hinten ein Wagen mit 150 km/h nähert, wird der Beobachter im ersten Wagen den schnelleren Wagen mit einer relativen Geschwindigkeit von 50 km/h überholen sehen. Die 100 km/h-Differenz können wir als die »Verlangsamungsgeschwindigkeit« betrachten. Während der Sonnenfinsternis vom 30. Juni 1973 erhöhte die überschallschnelle Concorde diese »Verlangsamungsgeschwindigkeit«, indem sie innerhalb des Kernschattens in der gleichen Richtung flog wie dieser. Vom Flugzeug aus konnte man diese totale Sonnenfinsternis deshalb ganze 74 Minuten lang sehen, ungefähr zehn Mal länger als das theoretische Maximum für einen stationären Beobachter auf der Erde.

Ein Beobachter am Erdäquator bewegt sich während einer vollständigen Rotation der Erde binnen 24 Stunden mit einer Geschwindigkeit von 1670 km/h. Dies ist die maximale »Verlangsamungsgeschwindigkeit«. In höheren nördlichen oder südlichen Breiten beschreibt der Beobachter auf seinem Breitengrad der Erdkrümmung wegen einen kleineren Kreis, so dass die Verlangsamungsgeschwindigkeit umso geringer ist, je näher sich der Beobachter am Pol befindet. Der Mond bewegt sich auf seiner Bahn von West nach Ost, weshalb der Mondschatten in derselben Richtung über die Erde dahinzieht, in der sich die Erde dreht und der Beobachter von der Erdrotation mitbewegt wird. Der Mondschatten bewegt sich somit in Bezug auf die Erdoberfläche mit einem Tempo, das der Differenz zwischen diesen beiden Geschwindigkeiten entspricht. Am Äquator wird seine Geschwindigkeit am stärksten reduziert; dort zieht er mit 3372 – 1670 = 1702 km/h dahin. Langsamer kann sich der Mondschatten nirgendwo über die Erde bewegen. Folglich ereignen sich die längsten Sonnenfinsternisse in der Nähe des Äquators, wo die Verlangsamungsgeschwindigkeit der Erde ihr Maximum erreicht. Bei einem Schattendurchmesser von 200 Kilometern und einer Nettogeschwindigkeit von 1702 km/h dauert eine Sonnenfinsternis etwas länger als 7 Minuten. Das absolute theoretische Maximum von 7 Minuten und 31 Sekunden tritt dann ein, wenn der Mond im Perigäum steht, und deshalb

der Durchmesser seines Schattens auf der Erde seine maximale Größe erreicht.
Wenn Edmond Halley heute noch lebte, wäre er gewiss ein Sonnenfinsternis-Jäger *par excellence*. Zweifellos würde der einstige Königliche Astronom dabei alle modernen technischen Mittel nutzen, von den Observatorien auf den Bergen bis hin zu den Erdsatelliten, um zu fotografieren, zu messen und alle Aspekte dieser anspruchsvollsten Konjunktion von Sonne und Mond zu untersuchen.

DIE OBERFLÄCHE DER SONNE: SONNENFINSTERNISSE IN VIKTORIANISCHER ZEIT

Nie und nimmer werden wir dazu imstande sein,
die chemische Zusammensetzung der Sterne zu untersuchen.
Auguste Comte

In seinem *Cours de philosophie positive* aus den dreißiger Jahren des 19. Jahrhunderts betrachtet der französische Philosoph und Soziologe Auguste Comte (1798–1857), wie das Motto dieses Kapitels zeigt, die Zukunft der Astronomie mit großer Skepsis, vor allem was die Sterne anbelangt.
Er sah darin ein Beispiel für die begrenzten Möglichkeiten der Naturwissenschaften, das ganze Universum zu erklären. Obwohl er der Meinung war, dass nur durch Experimente verifizierte Naturphänomene die Welt erklären könnten, erkannte Comte doch zugleich unsere begrenzte Fähigkeit zur empirischen Überprüfung. Die Zusammensetzung der Sterne nannte er als Beispiel für ein Wissen, das für alle Zeit jenseits menschlicher Reichweite liegen werde.
Damals hätten ihm nur wenige widersprochen. Doch die technologischen Entwicklungen sollten derlei Voraussagen über den Fortgang der Naturwissenschaften schon bald Lügen strafen. Noch ehe das 19. Jahrhundert zu Ende ging,

wusste man über die Zusammensetzung der Sonne und anderer Gestirne mehr als über unseren so nahen Satelliten, den nicht leuchtenden Mond. Erst durch die Erkundung des Mondes durch Astronauten im letzten Drittel des 20. Jahrhunderts konnte man die Zusammensetzung des Mondes bestätigen. Dieses unerwartete Wissen über die Gestirne war das Ergebnis der Zusammenarbeit zwischen Physikern und Astronomen bei der Untersuchung von Sonnenfinsternissen, die sich über das gesamte 19. Jahrhundert erstreckte.

Es geschah im Jahre 1664 und in England, dass man die Zusammensetzung des Lichts wirklich zu verstehen begann. Isaac Newton entdeckte damals, dass weißes Licht, von dem man eigentlich denken würde, es sei farblos, in Wirklichkeit sämtliche vom Auge sichtbaren Farben enthält. Indem er einfach nur einen Lichtstrahl durch ein Glasprisma leitete, wies Newton nach, wie sich ein Spektrum bildet, bei dem sich das Licht in die Farben des Regenbogens aufspreizt. Dieses Phänomen der Aufspaltung von Licht in seine konstituierenden Farben nennt man Dispersion.

Es dauerte allerdings noch einmal anderthalb Jahrhunderte, bis dieses in sein Spektrum aufgespaltene Licht im Labor analysiert wurde. Im Jahre 1814 platzierte der deutsche Physiker Joseph von Fraunhofer (1787–1826) einen schmalen Spalt vor ein Prisma und betrachtete das Spektrum des durch diese Vorrichtung geführten Lichts mit Hilfe eines kleinen Theodolit-Fernrohrs. Dank dieser Technik war er imstande, das Spektrum Stück für Stück, Farbe für Farbe zu untersuchen. Unterschiedliche Farben des Lichts entstehen durch

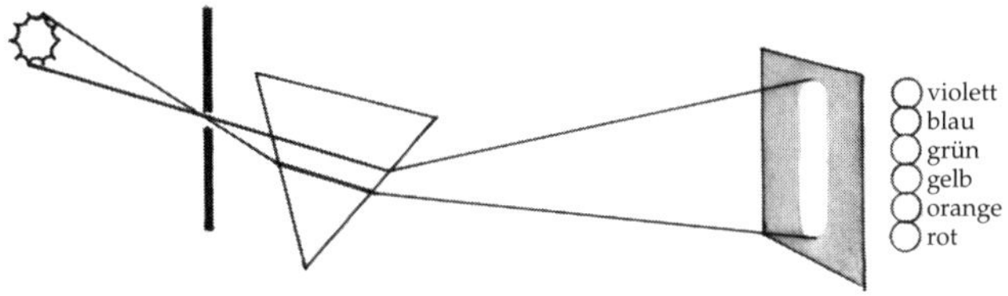

Abb. 6.1 Das beim Durchgang von Sonnenlicht durch ein Glasprisma erzeugte Farbenspektrum. Nach einer Zeichnung Isaac Newtons von 1672

Wellen unterschiedlicher Größe, deren Länge gemessen werden kann; so ließ sich jeder Farbe eine Zahl zuordnen. Da Lichtwellen sehr kurze Wellenlängen haben, entschied man sich dafür, eine neue Längeneinheit einzuführen, die später – nach dem schwedischen Astronomen Anders Ångström – den Namen Ångström (mit dem Symbol Å) erhielt. 100 Millionen Ångström entsprechen einem Zentimeter.

Damit ließ sich die Bandbreite von Wellenlängen, die dem Farbenspektrum von Licht (dem sichtbaren Spektrum) entsprechen, bequem in Zahlen ausdrücken; es stellte sich heraus, dass ihre Werte zwischen etwa 4000 Å und 7000 Å lagen. Violett lag am kurzwelligen Ende bei etwa 4000 Å und Rot am anderen Ende bei etwa 7000 Å. Das Licht jenseits dieser beiden Endpunkte, das Ultraviolett unterhalb des kurzen und das Infrarot oberhalb des langen Endes, kann vom menschlichen Auge nicht wahrgenommen werden. Innerhalb dieser beiden Werte jedoch liegen alle sichtbaren Farben. Fraunhofer gelang es, diese neue Kombination von Prisma, Schlitz und Theodolit zu kalibrieren, so dass er alle Wellenlängen im sichtbaren Spektrum exakt vermessen konnte.

Wie bei den meisten naturwissenschaftlichen Entdeckungen scheint auch bei Fraunhofer ein glücklicher Zufall mitgespielt zu haben, als er beschloss, mit seinem Apparat das Sonnenlicht zu untersuchen. Er hatte erwartet, bei der Sonne ein kontinuierliches Farbenspektrum vorzufinden, da die Sonne eigentlich ein leuchtender Himmelskörper ist, der weißes Licht emittiert. Außer dem kontinuierlichen Spektrum der Farben sah er jedoch noch etwas Überraschendes. In seinem Tagebuch notierte er, er habe »eine fast zahllose Menge starker oder schwacher senkrechter Linien« gesehen, »die dunkler sind als der Rest des farbigen Bildes; einige schienen völlig schwarz zu sein«. Obwohl ihn das Auftreten dieser Linien verwunderte, wusste Fraunhofer, dass sie nicht auf ein fehlerhaftes Experiment zurückzuführen waren. »Ich habe mich durch viele Versuche und Abänderungen überzeugt, dass diese Linien und Streifen in der Natur des Sonnenlichts liegen und dass sie nicht durch Beugung, optische Täuschungen usw. entstehen.« Fraunhofer hat als Erster diese dunklen Linien beobachtet und ihre Wellenlängen vermessen, und so ist es nur natürlich, dass man diese »Lücken« im Spektrum des Sonnenlichts später Fraunhofersche Linien nannte.

Es war ein Rätsel, wie es zu diesen dunklen Linien inmitten des Sonnenspektrums kam. Fraunhofer hatte in seinem Labor bereits chemisch reine Elemente wie erhitzten Quecksilberdampf und gasförmigen Stickstoff mit demselben Instrumentarium aus Prisma, Schlitz und Theodolit untersucht. Dabei beobachtete er Sequenzen von hellen Farblinien vor

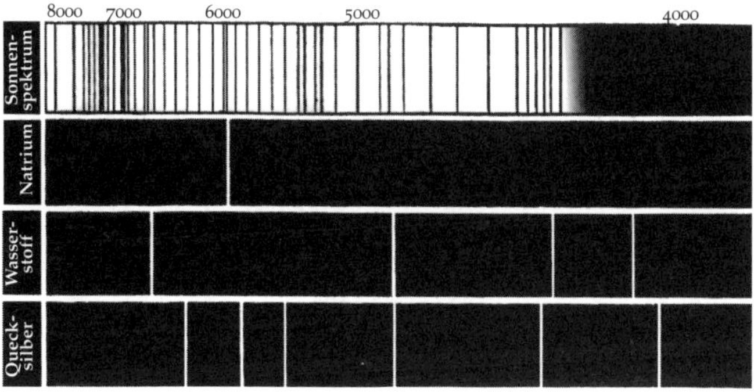

Abb. 6.2 Fraunhofersche Linien im Sonnenspektrum (oben) und die hellen Linienspektren von Natrium, Wasserstoff und Quecksilber

einem dunklen Hintergrund. Diese scharf abgegrenzten und leicht erkennbaren Muster hießen Linienspektren. Nie beobachtete er dabei dieselbe Formation von hellen Linien bei zwei unterschiedlichen Gasen. Bald wurde deutlich, dass ein bestimmtes Linienspektrum charakteristisch für ein bestimmtes Element war und dazu dienen konnte, das Vorhandensein dieses Elements in der das Licht abstrahlenden Substanz festzustellen. Das Ganze war gleichsam eine mit einem spezifischen Muster heller farbiger Linien geschriebene Signatur des jeweiligen Elements. Abbildung 6.2 zeigt die Fraunhoferschen Linien und die hellen Lichtspektren einiger Elemente.

Kurz nach diesen Entdeckungen begannen an der Universität Heidelberg ähnliche, aber grundlegendere Forschungen. Dort arbeitete der Physiker Gustav Kirchhoff (1824–1887) mit Robert Bunsen (1811–1899) zusammen, dem Mann, der den berühmten Brenner mit der farblosen Flamme erfunden hatte.

Sie hatten Prisma, Theodolit und Schlitz zu einem einzigen Instrument kombiniert, das den Namen Spektroskop erhielt. Damit und mit dem Bunsenbrenner waren sie in der Lage, viele unterschiedliche Elemente zu analysieren und zu bestätigen, dass ein jedes sein eigenes charakteristisches Muster aus hellen, farbigen Linien aufwies.

Eines Abends sollen die beiden Forscher durch das Fenster ihres Heidelberger Labors einen Brand im nahen Mannheim beobachtet haben. Weil sie wissen wollten, was da wohl brennen mochte, richteten sie ihr Spektroskop auf die Flammen. Es gelang ihnen, in dem Feuer die Elemente Barium und Strontium auszumachen, deren Spektren sie zuvor im Labor identifiziert hatten. Und sofort stellte sich ihnen die Frage: Wenn sie die Flammen in Mannheim analysieren konnten, weshalb dann nicht auch die Oberfläche der Sonne?

Kirchhoff erinnerte sich an Fraunhofers dunkle Linien im Spektrum des Sonnenlichts und begann diese mit Hilfe einer raffinierten Methode zu erforschen. Als Erstes bereitete er eine natriumhaltige Lösung zu. Man wusste, dass eine Natriumflamme, durch ein Spektroskop betrachtet, ein Paar leicht identifizierbarer heller gelber Linien aufwies. Dank einer ausgeklügelten Projektionsmethode konnte Kirchhoff nun diese hellen gelben Linien über Fraunhofers Sonnenspektrum legen und feststellen, dass sie exakt mit einem Paar schwarzer Linien der Sonne übereinstimmten. Dies brachte ihn auf den Gedanken, die Fraunhoferschen Linien könnten ein Hinweis auf die Existenz von Natriumdampf in der äußeren Sonnenatmosphäre sein.

Das erschien durchaus schlüssig. Kirchhoff wusste, dass ein hoch erhitztes gasförmiges Element helle Linien auf spezifischen Wellenlängen abstrahlt. Dieses Strahlungsspektrum ist für das betreffende Gas charakteristisch und ein Kennzeichen des entsprechenden Elements. Dies war der Ausgangspunkt für seine Hypothese, wonach dasselbe Gas in kaltem Zustand Licht auf jeweils derselben Wellenlänge absorbieren werde. Kurz gesagt, das kalte Gas absorbiert Licht auf seinen charakteristischen Wellenlängen und liefert somit ein so genanntes Absorptionsspektrum aus dunklen Linien. Diese Linien befinden sich an denselben Wellenlängen wie die hellen Linien in dem Lichtspektrum, welches das Gas in erhitztem Zustand emittiert. Das Absorptionsspektrum ist gleichsam das Negativ des Lichtspektrums. Das Vorhandensein eines Elements war somit entweder durch sein Emissions- oder durch sein Absorptionsspektrum feststellbar.

Die Ergebnisse von Kirchhoffs Laborversuchen gestatteten es ihm, drei Gesetze hinsichtlich der Emission und Absorption von Strahlung durch feste, flüssige und gasförmige Stoffe zu formulieren. Das erste Gesetz besagt, dass ein erhitzter fester oder flüssiger Stoff Licht mit einem kontinuierlichen Spektrum und ohne irgendwelche hervorgehobene helle Linien abstrahlt. Das zweite Gesetz lautet, dass ein aus einem einzigen Element bestehendes Gas oder ein ebensolcher Dampf in erhitztem Zustand Licht abgibt, dessen Spektrum aus hellen Linien auf bestimmten Wellenlängen besteht. Dem dritten Gesetz zufolge absorbiert dasselbe Gas in kaltem Zustand Licht von ebenjenen Wellenlängen, auf denen es dieses

im heißen Zustand abstrahlt – dreht also sein charakteristisches Spektrum von hellen in dunkle Linien um.
Mit Blick auf die Sonne nahm Kirchhoff an, dass deren sichtbare Oberfläche, die so genannte Photosphäre, aus einer heißen Flüssigkeit bestehe und folglich ein kontinuierliches Spektrum abstrahlen müsse. Darüber hinaus vermutete er, dass über der Photosphäre eine kühlere gasförmige Schicht liege. Laut Kirchhoffs drittem Gesetz müsste diese Schicht aus der Photosphäre stammendes Licht auf den Wellenlängen seiner charakteristischen Spektrallinien absorbieren. Diese Absorption verursacht die dunklen Linien im Spektrum, die Fraunhoferschen Linien, die deshalb als Silhouette vor dem kontinuierlichen Spektrum der Photosphäre erscheinen. Damit verfügte Kirchhoff über eine vollständige Erklärung seines Experiments, bei dem er das Spektrum des Natriums dem Spektrum des Sonnenlichts überlagert hatte. Es war der schlüssige Beweis, dass in der Atmosphäre der Sonne Natrium vorkommt.
Demnach schien es möglich, aus der Untersuchung der dunklen Spektrallinien der Sonne oder sogar eines weit entfernten Sterns darauf zu schließen, welche Elemente in der äußeren Atmosphäre des Gestirns vorkommen. Hätte Auguste Comte diese Forschung verfolgen können, die 35 Jahre nach seiner skeptischen Äußerung über die begrenzten Erkenntnismöglichkeiten des Menschen im Gange war, hätte ihn wohl das Gefühl beschlichen, etwas voreilig gewesen zu sein.

SONNENFINSTERNISSE: DIE SONNENKORONA UND PROTUBERANZEN

Kirchhoffs Erklärung für die dunklen Absorptionslinien im Sonnenspektrum setzte die Existenz einer aus heißen Gasen bestehenden Atmosphäre um die Sonne voraus. Die empirischen Kenntnisse über die Physik der Sonnenoberfläche waren zur damaligen Zeit allerdings noch sehr lückenhaft, doch ein weiteres Mal sollte es zu einem jener seltsamen geschichtlichen Zufälle kommen. In der zweiten Hälfte des 19. Jahrhunderts begannen sich allmählich auch Astronomen für die Sonnenoberfläche zu interessieren, wenngleich aus anderen Gründen: Sie suchten nach Erklärungen für Beobachtungen, die man während totaler Sonnenfinsternisse gemacht hatte.

Während Chemiker und Physiker wie Fraunhofer und Kirchhoff an neuen Modellen und Untersuchungsinstrumenten arbeiteten, rüsteten sich Astronomen in der ganzen Welt für die Beobachtung der beiden totalen Sonnenfinsternisse in den Jahren 1842 und 1851. Ihr Hauptinteresse galt dabei der Beschaffenheit der Sonnenkorona und den spektakulären Protuberanzen, jenen gewaltigen leuchtenden Wolken, die von der Oberfläche der Sonne aus in den Weltraum hinausragen; beide Phänomene sind nur während einer totalen Verfinsterung der Sonne zu sehen.

Vor allem der Astronom Francis Baily (1774–1844) hatte verstärktes Interesse an diesen Protuberanzen geweckt. Baily war als Börsenmakler ein vermögender Mann geworden und

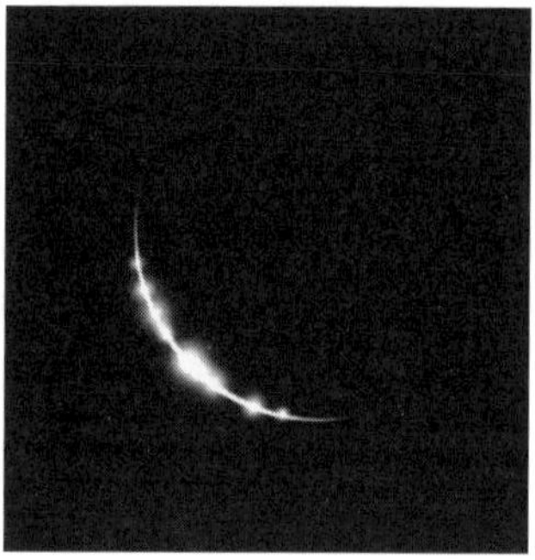

Abb. 6.3 Die Bailyschen Perlen: Unmittelbar vor dem zweiten Kontakt bricht das letzte Licht durch die Gebirge am Mondrand.

hatte sich nach seinem Rückzug aus dem Geschäftsleben im Jahre 1825 ganz der Astronomie verschrieben (in den zwanziger Jahren hatte er bei der Gründung der Royal Astronomical Society mitgewirkt). Obwohl sein Interesse vor allem der Katalogisierung der Sterne galt, reiste er 1836 nach Schottland, um dort Zeuge einer ringförmigen Sonnenfinsternis zu werden, denn er hatte gehört, dabei komme es zu spektakulären Effekten. In seinem anschließenden Bericht an die Royal Astronomical Society beschrieb er erstmals einen Effekt, der, auch wenn er nicht von ihm als Erstem entdeckt wurde, seither nach ihm benannt wird – die Bailyschen Perlen. »Eine Reihe hell leuchtender Punkte, wie eine Perlenkette, von unregelmäßiger Größe und Entfernung voneinander, bildete sich plötzlich rund um jenen Rand der Rundung des Mondes, die im Begriff war, sich über die Sonnenscheibe zu schieben.«

In seinen Berichten ermunterte Baily seine Astronomenkollegen, bei künftigen Sonnenfinsternissen besonders auf andere Phänomene entlang des Sonnenrandes zu achten. Damit meinte er die gespenstische Korona, die spektakulären Protuberanzen und die hell aufleuchtenden Lichtperlen. Baily wollte die damals offene Streitfrage klären, ob diese Phänomene von der Sonne oder vom Mond herrührten. Bei dem Perleffekt stellte sich heraus, dass beide dafür verantwortlich sind: Er kommt zu Stande, wenn die letzten Lichtstrahlen der verfinsterten Sonne zwischen den Bergen am Mondhorizont hindurchfluten.

Sechs Jahre später reiste Baily für die totale Sonnenfinsternis vom 8. Juli 1842 nach Italien. Diesmal sah er mit Staunen die Größe und Helligkeit der Korona sowie vier gewaltige, rosafarbene Protuberanzen, die weit von der verdunkelten Sonne aus in den Raum hinausragten. Die Berichte Bailys und anderer über diese Sonnenfinsternis ließen europäische Astronomen verstärkt der Frage nachgehen, wie es wohl zu diesen Effekten kam.

Mit dieser Sonnenfinsternis von 1842 begann ein neues Zeitalter, denn erstmals diente die Fotografie astronomischen Zwecken. Erst drei Jahre zuvor hatte der Franzose Louis Daguerre für eine Sensation gesorgt, als er auf einer Kupferplatte eine fotografische Abbildung erzeugte. Im Allgemeinen erforderte der Vorgang Belichtungszeiten von 20–30 Minuten und war daher für Porträts ungeeignet – kein Modell konnte derart lange stillsitzen. Dagegen war die teilweise verfinsterte Sonne von 1842 hell genug für eine Aufnahme – die erste von einer Sonnenfinsternis überhaupt. Im Jahr darauf erhielt man eine Daguerreotypie des Sonnenspektrums (selbstverständlich in schwarzweiß). Im Juli 1851 gelang dann mit der ersten Fotografie einer totalen Sonnenfinsternis der Durchbruch. Die in Deutschland entstandene Aufnahme wurde eilends nach London gebracht und auf der Weltausstellung von 1851 gezeigt. Inzwischen waren Sonnenfinsternisse in den Salons und Cafés in London und in den europäischen Großstädten zum beliebten Gesprächsthema geworden.

Die Sonnenfinsternis von 1851 streifte die Ostseeküste und zog dann nach Skandinavien. Über hundert Astronomen aus Großbritannien, Skandinavien und Deutschland hatten innerhalb ihres Kernschattens Position bezogen, und bei fast allen herrschten klare Sichtverhältnisse. Nachdem man viele der Observationsberichte miteinander verglichen hatte, gab die Royal Astronomical Society in einer unzweideutigen Veröffentlichung bekannt, man sei nun überzeugt, dass die Korona mit der Sonne in Zusammenhang stehe. Auch bei den rötlichen Protuberanzen, die sich infolge des vorrückenden Mondes am östlichen und westlichen Rand der Sonne zeigten, sei eindeutig bewiesen, dass diese wunderbaren Phänomene zur Sonne und nicht zum Mond gehören.

Die zweite Jahrhunderthälfte brachte weitere Erkenntnisse über Sonnenfinsternisse. Im Jahre 1858 verlief die zentrale Bahn einer Sonnenfinsternis direkt über London, doch es handelte sich nur um eine ringförmige Sonnenfinsternis, die infolgedessen für die mit der Erforschung von Korona und Protuberanzen befassten Astronomen nicht interessant war – zumindest dachte man das damals. 1860 war eine Sonnenfins-

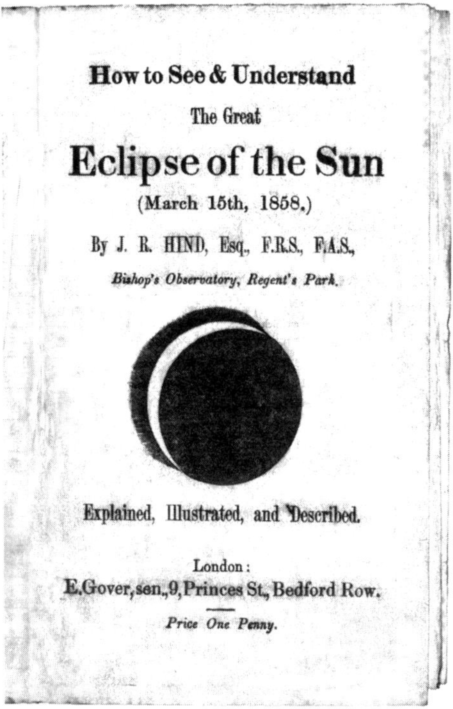

Abb. 6.4 Broschüre über eine Sonnenfinsternis, die 1858 direkt über London hinwegzog. Es war jedoch eine ringförmige Sonnenfinsternis und deshalb für die viktorianischen Astronomen wenig interessant, die damals die nur bei totalen Sonnenfinsternissen sichtbare Korona und Protuberanzen erforschten.

ternis von Nordamerika und Spanien aus zu sehen, und 1868 in Indien. Da das Reisen inzwischen einfacher und billiger geworden war, war es üblich geworden, dass Astronomen entlang der Schattenbahn temporäre Observatorien errichteten. Diese Beobachtungsstationen wurden mit immer raffinierteren Apparaten bestückt, um in wissenschaftlicher De-

tailarbeit zu erforschen, was früher nur als ein interessantes oder wunderbares Spektakel gegolten hatte.
Im Gefolge von Daguerres Pionierarbeit war die Sonnenfinsternis von 1860 hauptsächlich wegen des verbreiteten Einsatzes der Fotografie bei der Beobachtung von Sonnenfinsternissen bemerkenswert. Statt rasch hingeworfener Zeichnungen oder aus dem Gedächtnis verfasster Skizzen beherrschten von nun an Fotografien die Beobachtungsberichte. Drei verschiedenen Gruppen gelangen ausgezeichnete Aufnahmen von den Protuberanzen, und man war sich einig, dass es sich dabei um einen Teil der Sonnenatmosphäre handelte. Damit war zumindest diese Frage endgültig geklärt. Zum Nutzen künftiger Expeditionen hatte sich gezeigt, dass man Fotoapparate transportieren und verwenden konnte, um Bilder von der Korona und den Protuberanzen aufzunehmen.

SPEKTROSKOPIE UND SONNENFINSTERNIS

Inzwischen stand ein weiterer Durchbruch bevor, denn Physiker und Astronomen arbeiteten zusammen an der Erforschung der Sonnenoberfläche. Man wusste bestens Bescheid über die bedeutenden spektroskopischen Versuche, die Kirchhoff an den Fraunhoferschen Linien durchgeführt hatte, und die Fotografie war inzwischen zu einer Standardtechnik bei der Beobachtung von Sonnenfinsternissen geworden. Dank dieser Techniken konnte man jetzt die Zusammensetzung von Sonnenatmosphäre, Korona und Protuberanzen aufzeichnen

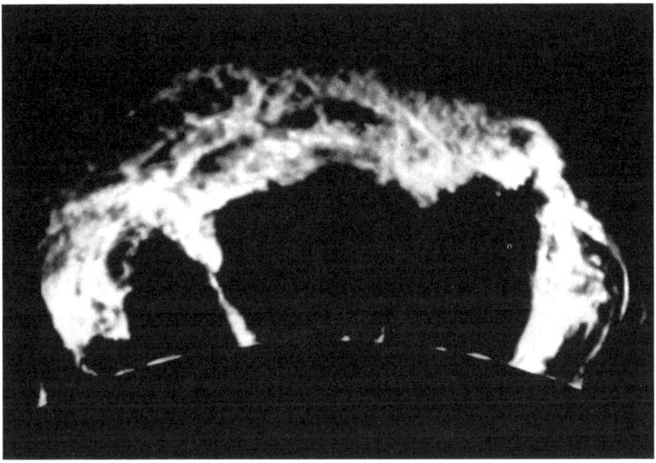

Abb. 6.5 Sonnenprotuberanzen sind nur bei einer totalen Sonnenfinsternis sichtbar. Die Krümmung der Sonne (mit einem Durchmesser von fast 1 400 000 km) verweist auf die enorme Ausdehnung dieser Gasformationen.

und analysieren. Die mit Sonnenfinsternissen befasste Wissenschaft hatte eine neue Stufe erreicht.

Jetzt gingen die Forscher der Frage nach, welches Spektrum die Protuberanzen zeigen würden, wenn man sie mit dem Spektroskop untersuchte. Woraus bestanden sie? Offenbar waren es keine Massen eines dichten Materials, das durch Explosionen auf der Sonne in große Höhen emporgeschossen wurde. Noch vor dem Aufkommen der Fotografie hatte man erkannt, dass die Gesetze der Gravitation verhinderten, dass derartiges Material über der Sonne hängen blieb, und wäre es auch nur für die kurze Dauer einer Sonnenfinsternis. Zahlreiche Theorien wurden dazu entwickelt.

Zwischen den rötlich scheinenden Flammen der Protuberanzen und dem weißen Körper der Sonne hatte man einen deutlichen Farbunterschied festgestellt. Viele nahmen an, die Protuberanzen bestünden nur aus einigen wenigen Gasen, wobei Wasserstoff, das leichteste der bekannten Elemente, wohl einen der Hauptbestandteile darstellte. Das sichtbare Spektrum des Wasserstoffs kannte man aus Laborversuchen. Es wies eine helle Linie im roten und eine weitere im blauen Spektralbereich auf, worauf eine Reihe weiterer Linien folgte, die zum violetten Ende des Spektrums hin immer dichter beieinander lagen. Manche Astronomen hegten die Vermutung, die starke rote Linie könne durchaus für die rötliche Färbung der Protuberanzen verantwortlich sein.

Falls es sich bei den Protuberanzen tatsächlich um Eruptionen von Wasserstoffgas handelte, das durch die im Sonnenofen herrschenden gewaltigen Temperaturen hoch erhitzt worden war, müsste sich ihr Spektrum eigentlich stark vom normalen Spektrum des Sonnenlichts unterscheiden. Falls die Protuberanzen gasförmig wären, müsste ihr Spektrum darüber hinaus aus hellen Emissionslinien vor einem dunklen Hintergrund bestehen, und zwar ohne eine einzige der dunklen Fraunhoferschen Linien, wie sie für das von der Sonnenoberfläche stammende Licht charakteristisch waren. Es gab nur eine Möglichkeit, das herauszufinden: Man musste die Techniken von Fraunhofer und Kirchhoff anwenden und ein Spektroskop direkt auf die Protuberanzen ausrichten.

Mit großem Enthusiasmus und hohen Erwartungen traten Astronomen die weite Reise von Europa nach Indien an, um dort der Sonnenfinsternis vom 18. August 1868 beizuwohnen. Diese Sonnenfinsternis zog große Expeditionen aus ganz Europa an, zwei aus Großbritannien, zwei französische, eine deutsche und eine spanische. Zum ersten Mal würde die neue Technik der Spektroskopie bei der verfinsterten Sonne eingesetzt. Alles war vorbereitet für ein beispielloses Forschungsvorhaben, bei dem sich Physik, Chemie und Astronomie zusammentaten, in der Hoffnung, endlich das Wesen der Sonnenprotuberanzen aufzuklären.

Mehrere Beobachter sahen, wie erwartet, im Spektrum der Protuberanzen helle Emissionslinien. Die Überraschungen aber begannen mit dem französischen Astronomen Jules Janssen (1824–1907). Wie die anderen versuchte auch Janssen, das Spektrum der Protuberanzen während der Sonnenfinsternis zu erkunden. Er verzeichnete ein halbes Dutzend heller Emissionslinien, die den bereits bekannten von Wasserstoff entsprachen. Natürlich folgerte er daraus, diese Protuberanzen müssten aus heißem Wasserstoffgas bestehen. Janssen verzeichnete jedoch auch eine helle gelbe Emissionslinie, die normalerweise mit Natrium identifiziert wurde. Allerdings lag diese helle Linie auf einer geringfügig kürzeren Wellenlänge als die bekannte Natriumlinie. Verwundert fragte er sich, weshalb vergleichsweise schwerer Natriumdampf in den Sonnenprotuberanzen herumwirbeln sollte.

Dann kam Janssen auf eine Idee, die den Dingen eine völlig neue Wendung gab. Unter dem Eindruck der Helligkeit, mit der die Protuberanzen während der Sonnenfinsternis auftauchten, fragte er sich, ob diese Linien nicht auch unter normalen Bedingungen zu sehen seien, ohne dass man auf die Dunkelheit einer totalen Sonnenfinsternis warten müsste. Er wusste, dass eine Zunahme in der Streuung – eine weitere Spreizung des Lichts – die Helligkeit des Hintergrundes des Sonnenspektrums verringern würde. Da das kontinuierliche Spektrum viele Wellenlängen enthält, würde eine erhöhte Streuung die Helligkeit vermindern, weil diese Wellenlängen dadurch ausgegrenzt und somit weniger Wellen in das Spektroskop gelangen würden. Eine helle Emissionslinie hingegen befindet sich auf einer einzigen Wellenlänge, und ihre Helligkeit würde durch die erhöhte Streuung nicht beeinträchtigt. Folglich, so Janssens Überlegung, könnten Protuberanzen auch bei normalem Tageslicht durch ein Spektroskop beobachtet werden, denn die Emissionslinien blieben durch den verminderten Schein der Sonnenatmosphäre hindurch erkennbar.

Aufziehende Wolken unmittelbar nach der indischen Sonnenfinsternis vom 18. August 1868 veranlassten Janssen, den Versuch auf den nächsten Tag zu verschieben. Dann aber richtete Janssen die Öffnung seines Spektroskops am helllichten Tag direkt auf einen Bereich jenseits des Sonnenrandes aus. Zu seiner großen Überraschung und Freude sah er die hellen Wasserstofflinien und die seltsame »Natrium«linie an derselben Stelle, an der er am Tag zuvor eine Protuberanz gesehen hatte. Diesmal konnte er diese Linien in aller Ruhe untersuchen. Während der nächsten drei Wochen blieb Janssen in Indien, beobachtete die Spektren der Protuberanzen und schrieb einen Bericht über seine Funde, den er an die französische Akademie sandte.

EIN NEUES ELEMENT AUF DER SONNE

Einer der wichtigsten Sonnenfinsternis-Astronomen der damaligen Zeit fehlte in der Gruppe, die sich auf den Weg gemacht hatte, um die Sonnenfinsternis von 1868 in Indien zu beobachten. Es war der englische Astronom Norman Lockyer (1836–1920). Lockyer war ein Jahr vor Königin Viktorias Thronbesteigung als Sohn eines Arztes und Apothekers zur Welt gekommen. Statt den Beruf seines Vaters zu wählen, wandte er sich den Geisteswissenschaften zu; Französisch, Deutsch und Griechisch sprach er fließend. Nach einer kurzen Tätigkeit als Sprachlehrer erhielt er einen befristeten Posten im Kriegsministerium. Derweil entwickelte er ein Interesse an der Astronomie. Nachdem er den Teleskopbauer Thomas Cooke kennen gelernt hatte, erstand er 1861 bei ihm ein Gerät mit einer Brennweite von 95 Millimeter. Von da an betrieb er die Erkundung des Himmels mit allem Ernst und voller Ehrgeiz. Als Autodidakt machte er sich mit den technischen Aspekten astronomischer Forschung vertraut und erwarb mit der Zeit eine Reihe exzellenter Teleskope, mit denen er seine Forschung durchführte. In den sechziger Jahren

Abb. 6.6 Sir Norman Lockyer

des 19. Jahrhunderts fand auch die Spektroskopie und die Erkundung der Sonne während der Sonnenfinsternisse sein Interesse.

Im Januar 1862 notierte er in seinem Tagebuch:

> Nachdem ich dank Gottes Gnade nun über die Mittel verfüge, hoffe und glaube ich, in der Astronomie gute Arbeit zu leisten. Nun muss ich ein Buch beginnen, in dem ich alle Beobachtungen zu Papier bringe, wenigstens aber diejenigen, die es mir wert erscheinen. Denn neben dem, was man am besten mit der Feder notiert, wird es eine Menge Dinge geben, die ich im Gedächtnis bewahren muss. Auch dies mag dann eines Tages zu Papier gebracht werden.

Dieses Stückchen blumiger viktorianischer Prosa markierte den Anfang einer Karriere, die nicht allein die Astronomie verändern sollte, sondern auch der Einstellung der Briten zu den Naturwissenschaften eine neue Wendung gab.

Sehr bald stellte sich heraus, dass Lockyers Arbeiten von herausragender Qualität waren, und so erhielt er auch 1866 von der Royal Society einen Zuschuss zur Finanzierung eines leistungsfähigen Spektroskops, das er selbst entwarf und das ihm ermöglichen sollte, das Licht von Sonnenprotuberanzen einzufangen. Die Herstellung des speziellen Spektroskopie-Teleskops nahm allerdings über zwei Jahre in Anspruch. Als im August 1868 die europäischen Astronomen nach Indien aufbrachen, war es noch immer nicht fertig, weshalb Lockyer diese Sonnenfinsternis verpasste.

An der Erforschung von Korona und Protuberanzen hatte Lockyer das gleiche Interesse wie Janssen, aber er war dem Franzosen einen Schritt voraus. Unabhängig von Janssen war er bereits auf den Gedanken gekommen, die Protuberanzen könnten durch ein Spektroskop auch dann sichtbar sein, wenn die Sonne nicht verfinstert ist. Aus diesem Grund bemühte er sich, ein Spektrokop mit einer speziellen Auslegung zu entwickeln. Als das neue Spektroskop am 20. Oktober 1868 endlich in Cambridge eintraf, richtete er es gleich bei hellem Tageslicht auf die Sonne aus. Sofort sah er seinen Verdacht bestätigt – dass nämlich das Spektrum der Protuberanzen auch ohne Sonnenfinsternis zu sehen war, eine Annahme, deren Richtigkeit Janssen zwei Monate zuvor in Indien demonstriert hatte.

Lockyer schrieb umgehend an die Französische Akademie der Wissenschaften, wo seine Nachricht dank eines ungewöhnlichen Zufalls nur Minuten nach der von Janssen eintraf. Beide Berichte wurden nacheinander auf der Sitzung der Akademie vom 26. Oktober 1868 verlesen. In einer großzügigen Geste ehrte die Französische Akademie beide Astronomen für diese Entdeckung und ließ Jahre später sogar eine Gedenkmünze mit dem Konterfei der beiden Männer prägen.

Unmittelbar nach dieser Anerkennung von Seiten der Französischen Akademie gelang Lockyer eine weitere Entdeckung. Bei der Beobachtung des Sonnenrandes mit seinem neuartigen Sonnenspektroskop fiel ihm dieselbe helle gelbe Spektrallinie auf, die auch Janssen gesehen hatte. Lockyer gab sich jedoch nicht mit der Erklärung zufrieden, es handle sich um Natrium. Womöglich war die Auflösung seines Instruments präziser als bei den von Janssen und anderen benutzten Geräten. Nur einen Monat später hatte er herausgefunden, dass die mysteriöse gelbe Linie eine andere Wellenlänge als Natrium aufwies. Er ortete die unbekannte orangegelbe Linie bei 5876 Å, also um einiges entfernt von der Natriumlinie bei 5893 Å. Wenn es aber nicht Natrium war, was dann?

Weder Lockyer noch Janssen konnten die spektralen Eigentümlichkeiten dieser Linie unter Laborbedingungen reproduzieren. Nach vielen gescheiterten Versuchen war Lockyer 1870 überzeugt, ein neues chemisches Element entdeckt zu haben, das es nur auf der Sonne und nicht auf der Erde gab.

Er nannte es »Helium« – nach dem griechischen Wort *helios* für »Sonne«. Bei anderen Astronomen stieß Lockyer damit auf breite Kritik; sie hielten seine Schlussfolgerung für voreilig und zögerten verständlicherweise, auf Grund einer einzigen Spektrallinie die Existenz eines neuen Elements anzuerkennen. Trotzdem hielt Lockyer daran fest, dass es auf der Oberfläche der Sonne ein neuartiges Gas gebe, das man auf der Erde noch nie entdeckt habe.

Während des folgenden Vierteljahrhunderts nach Lockyers »Entdeckung« blieb Helium ein rätselhaftes, allein als Hypothese vorhandenes Gas, von dem man nur dank der hellen gelben Linie im Spektrum der Sonnenprotuberanzen wusste. Im Jahre 1895 gelangte der schottische Chemiker William Ramsay (1852–1916) an eine Probe des Minerals Cleveit, einer Variante des radioaktiven Uraninits, die er reinigte und in einer Entladungsröhre einschloss. Als er mit einem kleinen Handspektroskop in die Röhre hineinsah, beobachtete er zu seiner großen Überraschung einen intensiv gelb leuchtenden Strahl; daneben fand er einige schwächere im roten und grünen Spektralbereich. Eine rasche Prüfung zeigte, dass der gelbe Strahl nicht mit der Natriumlinie übereinstimmte. Die Wellenlänge lag bei 5876 Å – demselben Wert also, den Lockyer gemessen hatte. Ramsay sandte Proben des Gases an Lockyer und an den Physiker William Crookes, der für seine Kathodenstrahlexperimente berühmt war. Crookes bestätigte, es handle sich um dasselbe Gas, das Lockyer in der Nähe der Sonnenoberfläche entdeckt hatte. Als Lockyer die Neuigkeit erfuhr, spähte er, außer sich vor Freude, noch einmal durch sein Spektroskop auf jenes »prachtvolle gelbe Glühen«, das er einst auf der Sonne entdeckt hatte.

Nur wenige Jahrzehnte nachdem Comte voller Überzeugung vorausgesagt hatte, man werde die Zusammensetzung der Sterne niemals kennen, war damit auf dem uns nächstgelegenen Stern, der Sonne, und zumal auf der nicht verfinsterten Sonne, ein neues Element entdeckt worden. Es war der Beginn einer neuen Ära der Astronomie, in der man mit Hilfe der spektroskopischen Analyse die Zusammensetzung, die Geschwindigkeit und sogar das Alter von Sternen bestimmte.

Eine interessante Fußnote zu Janssens und Lockyers Forschungen stellte ihre Expedition nach Sizilien dar, wo sie der Sonnenfinsternis von 1870 beiwohnen wollten. Sie liefert einen Eindruck davon, was es damals hieß, ein Sonnenfinsternis-Astronom zu sein. Obwohl Janssen seit einem Unfall in seiner Kindheit gehbehindert war, unternahm er viele weite Forschungsreisen, und er wollte mit Lockyer in Sizilien die gemeinsame Erforschung der verfinsterten Sonne vorantreiben. Es war die Zeit des französisch-preußischen Krieges, und die preußischen Truppen belagerten Paris. Janssen ließ sich dadurch aber nicht von seiner Reise abhalten: Als es so weit war, verließ er die französische Hauptstadt in einem Heißluftballon.

Auch Lockyer hatte Mühe, nach Sizilien zu gelangen. Er hatte vom Schatzamt Gelder erhalten, und das Kriegsministerium hatte ihm für den Transport seiner Ausrüstung nach Sizilien zwei Kanonenboote zur Verfügung gestellt. Er und Janssen

Abb. 6.7 Die indische Sonnenfinsternis vom Dezember 1871. Norman Lockyer ruht sich unter dem Schutzdach aus.

wollten sich in Neapel treffen. Während Janssen Paris im Ballon verließ, lief eines von Lockyers Kanonenbooten in der Bucht von Neapel auf Grund. Trotz aller Widrigkeiten erreichte die Expedition schließlich ihren Bestimmungsort auf Sizilien. Als aber die entscheidende Stunde gekommen war, mussten sie voller Enttäuschung erleben, dass Wolken aufzogen und die Sonnenfinsternis verdeckten – nichts davon war zu sehen.

Lockyer blieb unverzagt. Zurück in England, begann er mit den Vorbereitungen für eine Expedition nach Indien, wo im kommenden Jahr eine Sonnenfinsternis bevorstand. Diese Expedition wurde von der British Association finanziert, und erneut standen Lockyer zwei Kanonenboote zur Verfügung. Nachdem seine astronomischen Geräte eingetroffen waren, ließ er sie in einem Turm der ehemaligen Festung in Bekul aufbauen. Da die Teleskope Kanonen ähnelten und die Mannschaften der beiden Schiffe gelegentlich Schießübungen veranstalteten, dachte die Bevölkerung, ein Krieg sei ausgebrochen, und wollte schon in die Berge fliehen, ehe man ihnen klar machen konnte, dass keinerlei Gefahr bestand.

Doch damit nicht genug der Schwierigkeiten. Als Lockyer und seine Kollegen am 12. Dezember gespannt auf die totale Verfinsterung der Sonne am strahlend blauen Himmel warteten, zog plötzlich von allen Seiten her Rauch auf. Die Inder fürchteten das Schauspiel der verschwindenden Sonne und hatten rund um das Fort Feuer entzündet, um zur Besänftigung der Götter Opfer darzubringen. Die Astronomen reagierten mit Panik, als ihnen der Rauch die Sicht auf die sich verfinsternde Sonne nahm, und riefen kurzerhand die Polizei herbei, um die Leute zu vertreiben und die Feuer zu löschen.

Am Ende hatte man doch Erfolg. Erstmals konnte Lockyer mit seinem neuen Spektroskop eine totale Sonnenfinsternis beobachten. Inzwischen war die Sonne kein heißer weißer Gasball ohne Eigenschaften mehr. Er kannte die Oberfläche der Sonne, ihre Photosphäre und deren Fraunhofer-Spektrum. Außerdem konnte er für sich beanspruchen, einiges von der die Sonne umgebenden Atmosphäre zu verstehen, Protuberanzen und Korona eingeschlossen, die Sonnenfinsternis-Astronomen lange Zeit ein Rätsel gewesen waren.

Im Verlauf der folgenden vierzig Jahre organisierte Lockyer noch viele weitere Expeditionen zu Sonnenfinsternissen, doch das Jahr 1870 war der Beginn einer weiteren wichtigen

Phase in seinem Leben, während der er seine starke persönliche Ausstrahlung und seinen beachtlichen Einfluss dafür verwandte, den Stand der naturwissenschaftlichen Bildung in Großbritannien zu verbessern und sein Land auf das 20. Jahrhundert vorzubereiten. Zwar hatte er bei seinen Sonnenbeobachtungen eines seiner Augen dauerhaft geschädigt, aber das stand seiner herausragenden wissenschaftlichen Laufbahn nicht im Wege, die ihn sogar mit der Astronomie uralter Zeiten in Berührung brachte: Als einer der Ersten vertrat er die Hypothese, dass es sich bei Stonehenge um einen astronomischen Kalender aus megalithischer Zeit handle. Als ein Mann mit vielfältigen Interessen verfasste er das erste Buch über die im schottischen St. Andrews geltenden Golfregeln, gründete das Science Museum im Londoner Stadtteil South Kensington und brachte die noch heute existierende naturwissenschaftliche Zeitschrift *Nature* heraus, die er fünfzig Jahre lang redaktionell betreute. Norman Lockyer gehörte zu einem Jahrhundert der »Selfmademen« und Amateurexperten, die den Wissenschaften des folgenden Jahrhunderts ihren Stempel aufdrückten.

DIE BESTÄTIGUNG DER ALLGEMEINEN RELATIVITÄTSTHEORIE

DIE SONNENFINSTERNIS VOM 29. MAI 1919

Da könnt' mir halt der liebe Gott leid tun,
die Theorie stimmt doch.
Albert Einstein, 1919

Als am 14. Juni 1360 der Halbschatten des Mondes die Region am Südpol der Erde knapp streifte, war dies der Anfang eines Zyklus von 71 Sonnenfinsternissen, der inzwischen den Namen Saros-Serie 136 trägt. Durch moderne Berechnungen der Schattenbahnen der übrigen 70 Sonnenfinsternisse über den Erdball hinweg wissen wir, dass die Letzte aus dieser Serie am 30. Juli 2622 die Polarregion im Norden streifen wird. Etwa zur Halbzeit dieses Zyklus von 1262 Jahren Dauer warf am 29. Mai 1919 die 32. Sonnenfinsternis aus Saros 136 ihren Schatten über die Tropen.

An diesem Tag berührte der Mondschatten die Erde zunächst etwas westlich von Südamerika und bewegte sich von dort über Peru, Bolivien und Brasilien in Richtung Atlantik, dann über diesen und den Süden Afrikas hinweg, bis er schließlich bei Sonnenuntergang im Indischen Ozean verschwand. Unmittelbar bevor der Schatten die westafrikanische Küste erreichte, hatte er die kleine Insel Principe überquert. Dort erwartete ihn, ausgerüstet mit einem starken Teleskop und einer großformatigen Kamera, der englische Astronom Arthur Eddington, der die Sterne hinter der verfinsterten Sonne fotografieren wollte. Viele tausend Kilometer entfernt wartete der Physiker Albert Einstein in seinem Berliner Arbeitszimmer geduldig auf Eddingtons Ergebnisse.

EINSTEIN UND EDDINGTON

Zwei unterschiedlichere Naturwissenschaftler als Eddington und Einstein sind schwerlich vorstellbar, und doch waren sie dazu bestimmt, bei der Lösung eines der größten Rätsel des Universums zusammenzuarbeiten.

Einstein (1879–1955) war der Sohn eines Geschäftsmanns, der alles dafür tat, seinem Sohn die bestmögliche Erziehung und Ausbildung zukommen zu lassen. Aber Albert hasste den strengen Schulbetrieb in München. Er besuchte eine katholische Volksschule und danach das Gymnasium. Dort war er keineswegs ein Musterschüler: Er widersprach seinen Lehrern und erwies ihnen und ihrem Unterricht wenig Respekt. Anschließend machte er einen ersten Abschluss am Polytechnikum in Zürich, wobei ihm sein gewissenhafter Freund Marcel Grossmann durchs Examen half. Einstein träumte vor sich hin oder las in den neuesten Fachzeitschriften für Physiker, während Grossmann sorgfältig Notizen machte. Über diese Zeit sagte Einstein später, die Examensbüffelei habe dermaßen abschreckend auf ihn gewirkt, dass er danach ein ganzes Jahr lang über kein wissenschaftliches Problem nachdenken wollte. Als sich der ehemalige Problemstudent dann um eine Stelle bemühte, musste er feststellen, dass eine akademische Position für ihn unerreichbar war.

Am 23. Juni 1902 nahm Einstein schließlich seine Arbeit beim Schweizer Patentamt in Bern auf, wo er eine provisorische Anstellung als »Experte III. Klasse« mit dem einigermaßen auskömmlichen Jahresgehalt von 3500 Franken gefunden hatte. Die Arbeit ging ihm bald leicht von der Hand, und er war glücklich, die feindselige akademische Welt hinter sich gelassen zu haben. Während der übrigen Zeit arbeitete er still und mit wachsender Begeisterung an der Entwicklung seiner revolutionären Ideen.

Im Jahre 1905 – inzwischen war er 26 – schrieb Einstein bereits Beiträge für wissenschaftliche Zeitschriften. Im selben Jahr brachten die renommierten *Annalen der Physik* vier von ihm verfasste Artikel heraus. Der dritte, den Einstein für den interessantesten hielt, trug den Titel »Zur Elektrodynamik bewegter Körper«, ein Thema, das seither als spezielle Relativitätstheorie bekannt geworden ist. Einstein löste darin die meisten Probleme, die in der klassischen Physik noch anstanden, doch dazu musste er für immer die Art und Weise ändern, in der wir uns Raum und Zeit vorstellen. Es war eine radikale Abkehr von den Annahmen, die dem Newtonschen Universum zu Grunde lagen.

Einstein besaß eine ganz eigene Art, den Rätseln auf den

Grund zu gehen, denen er in der Physik des Universums begegnete: Seine Fragen lauteten zumeist »Was wäre, wenn …«. Die hypothetischen Situationen, die er sich vorstellte, ließen sich in der Praxis nie realisieren, stimmten aber mit den Gesetzen der Physik überein. Er nannte sie Gedankenexperimente, die er gleichsam in einem geistigen Laboratorium durchführte. Für die spezielle Relativitätstheorie von 1905 fragte er sich, wie ein plötzlicher Blitzschlag am Himmel von zwei unterschiedlichen Beobachtern erlebt oder registriert würde, von denen sich der eine in einem fahrenden Zug befand, während der zweite auf einem Bahnsteig stand, an dem der Zug entlangfuhr.

Wenn er sich bei seinem Gedankenexperiment an die Regeln strikter Logik und Widerspruchsfreiheit hielt, dann, so Einstein, sollten für beide Beobachter die gleichen Gesetze der Physik herrschen. Bei gleichförmig geradliniger Bewegung, konstatierte er, mache es keinen Unterschied, welcher Beobachter als stationär und welcher als bewegt angesehen werde, ob man sich also den Beobachter auf dem Bahnsteig in einer Bewegung auf den stehenden Zug hin vorstellt oder den im fahrenden Zug befindlichen Beobachter, der sich auf den auf dem Bahnsteig stehenden zubewegt. Die Gesetze der Physik, so wie sie von beiden Beobachtern erlebt würden, müssten äquivalent und die Messergebnisse die gleichen sein. Einsteins einziges Postulat war, dass es sich bei der Lichtgeschwindigkeit um eine Konstante handelt, dass also beide Beobachter – gleichgültig, wer steht oder sich bewegt – die Geschwindigkeit des Lichts mit dem gleichen Wert messen.

Wenn man diese Überlegungen für zutreffend hält, dann, so Einstein weiter, müsse man die Vorstellung einer absoluten Zeit aufgeben – gedacht als eine Uhr, die irgendwo im Zentrum des Universums vor sich hin tickt. Genauso müsse man die Vorstellung vom absoluten Raum fallen lassen, also von einem sich über das ganze Universum erstreckenden festen Koordinatennetz. Einstein kam zu dem Schluss, beide Beobachter würden die Uhr des jeweils anderen mit einer anderen Geschwindigkeit als der der eigenen ticken sehen und feststellen, dass ihre jeweiligen Maßeinheiten unterschiedliche Längen aufwiesen. Jedem der beiden Beobachter, dem stehenden und dem sich bewegenden, müsse über die drei üblichen Raumdimensionen hinaus eine ihm spezifische Zeit zugeordnet werden, um den »Zustand« eines Systems vollständig zu beschreiben – die so genannte vierte Dimension. Einsteins Ideen öffneten einen Riss im Gebäude der Newtonschen Physik, der sich nur heilen ließ, indem man das Wesen von Raum und Zeit neu definierte.

Arthur Eddington (1882–1944), der in Kendal im Hügelland des wunderschönen Lake District in Nordengland in einer frommen Quäker-Familie zur Welt kam, war drei Jahre jünger als Einstein. Als pflichtbewusster Sohn eines tüchtigen Lehrers war er im Unterschied zu seinem deutschen Kollegen ein Musterschüler. In ihrer geradezu obsessiven Faszination für die Physik des Universums ähnelten sie einander freilich sehr. Dank seiner Entschlossenheit und sorgfältiger Anleitung nahm der junge Eddington rasch sämtliche Hürden des englischen Schulsystems und begann im Herbst 1902 als

Zwanzigjähriger sein Studium am Trinity College in Cambridge. Den eigentlich auf drei Jahre angelegten, überaus anspruchsvollen Tripos-Kurs in Mathematik und Physik schloss er in nur zwei Jahren ab, und bei der Bekanntgabe der Prüfungsergebnisse führte sein Name die Liste der Besten an. Nie zuvor hatte jemand in zwei Jahren ein solch ausgezeichnetes Examen abgelegt.

Nachdem Eddington ein Jahr in Cambridge unterrichtet hatte, bot man ihm den Posten des Oberassistenten am Königlichen Observatorium in Greenwich an, und so begann seine Karriere als Astronom. Schon bald lieferte er wichtige Beiträge zu damals anstehenden Problemen der Astronomie, insbesondere zur Bewegung der Sterne und zum Aufbau des Universums. Im Jahre 1914 kehrte er als Plumian-Professor für Astronomie nach Cambridge zurück. Inzwischen wusste Eddington von Einsteins veröffentlichten Arbeiten über die spezielle Relativität, ahnte aber nicht, dass dieser bereits dabei war, die Schlussfolgerungen seines Aufsatzes von 1905 auch für die ungleichförmige Bewegung zu verallgemeinern.

DAS PRINZIP DER ÄQUIVALENZ

Einsteins Vorbehalte gegenüber seiner eigenen speziellen Relativitätstheorie waren gleichsam künstlerischer Art. In dieser Theorie hatte er über einen Zug nachgedacht, der mit gleichmäßiger Geschwindigkeit an einem stationären Beobachter vorbeifuhr. Dabei konnte er zeigen, dass es hinsichtlich der gemessenen Beobachtungen keinen Unterschied zwi-

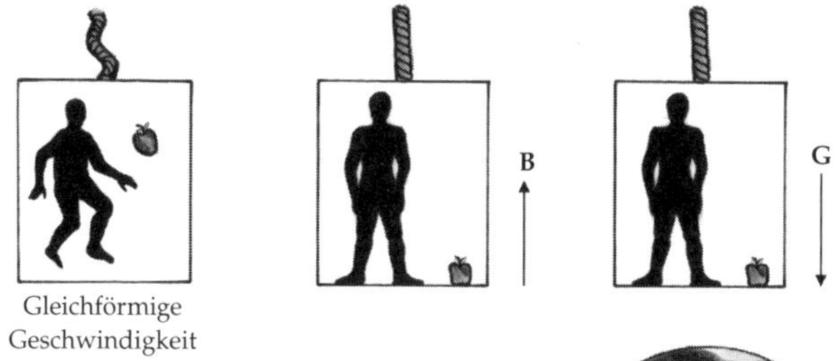

Abb. 7.1 Das Äquivalenzprinzip I: Für einen Passagier in einem fensterlosen Aufzug entspricht die Beschleunigung B dem Gravitationszug G.

schen dem Beobachter in dem fahrenden Zug und dem auf dem Bahnsteig gibt. Nun fragte er sich, was geschähe, wenn sich der Zug beschleunigte. Weshalb sollte es sich bei der gleichförmigen Bewegung um einen Sonderfall handeln? Es wäre doch viel befriedigender, wenn alle Bewegungen, gleichförmig oder nicht, relativ wären. Dann wären die Gesetze der Physik in jedem Bezugsrahmen dieselben.

Die Fakten standen dem allerdings eindeutig entgegen. Der Beobachter in einem sich beschleunigenden Zug erlebt seine Umgebung nicht in der gleichen Weise wie ein stationärer Beobachter. Jeder weiß das, und wir müssen uns nicht erst mit Newton beschäftigen, um davon überzeugt zu sein. In einem sanft dahinfahrenden Zug haben wir kein Gefühl der Bewegung und spüren nur die Schwingungen des Waggons. Beschleunigt sich der Zug jedoch, verursacht dies einen Ruck, den wir sofort wahrnehmen.

Um die Schwerkraft einzubeziehen, stelle man sich – statt eines Zuges – einen Lift vor, der zur Spitze eines hohen Gebäudes hinauffährt. Bewegt er sich mit gleichbleibender Geschwindigkeit, haben wir außer den Vibrationen des Aufzugs nichts, woran wir die Bewegung erkennen könnten. Zu Beginn und am Ende der Fahrt nehmen wir jedoch ein seltsames Gefühl in der Magengegend wahr, das von der Beschleunigung und Verlangsamung des Lifts herrührt. Einstein entschloss sich zu einem weiteren Gedankenexperiment, um die beschleunigte Bewegung zu analysieren, bei der sich die Geschwindigkeit ändert. Dies brachte ihn auf eine andere Art von Äquivalenz.

Stellen wir uns einen Personenaufzug vor, der im Weltraum weit entfernt von anderen Gravitationskörpern ausgesetzt wird. Die darin befindlichen Menschen würden keinerlei »Gewicht« verspüren. Ließe jemand einen Apfel »fallen«, dann fiele dieser nicht auf den Boden, sondern bliebe dort, wo er losgelassen wurde. Diese Schwerelosigkeit kennen wir heute aus Bildern von Astronauten, die in einer Raumkapsel im freien Fall die Erde umrunden. Stellen wir uns jetzt vor, dass sich der Lift in eine Richtung beschleunigt, die seine Insassen als »aufwärts« bezeichnen würden, und zwar in jeder Sekunde mit einer Rate von 9,8 Metern pro Sekunde. Dies ist die Größenordnung der Beschleunigung, die durch die Schwerkraft bewirkt wird, wenn man sie auf der Erdoberfläche misst. Der Boden des Aufzugs würde sich dabei aufwärts beschleunigen und gegen den Apfel schlagen.

Hier stellt sich nun die Frage: »Im Verhältnis wozu wird der

Lift beschleunigt?« In seiner speziellen Relativitätstheorie hatte Einstein festgestellt, dass sich die absolute Geschwindigkeit eines einzelnen Gegenstandes nicht messen lässt, sondern immer nur dessen Geschwindigkeit im Verhältnis zu etwas anderem. Anders als seine Geschwindigkeit lässt sich aber sehr wohl seine Beschleunigung feststellen, seine Geschwindigkeitszunahme von 9,8 Meter pro Sekunde in jeder Sekunde. Ihretwegen haben die Liftinsassen beispielsweise das Gefühl von »Gewicht«, denn sie werden gegen dessen Boden gepresst. Diese Veränderung ähnelt dem Ruck im sich beschleunigenden Zug.

Bewegt sich nun ein Planet von genau derselben Beschaffenheit wie die Erde an diesem Lift und seinen Insassen vorbei, dann verspüren sie genau dasselbe wie im aufwärts beschleunigten Lift im freien Weltraum: Sie empfinden ihr Gewicht, und der Apfel schlägt auf den Boden auf. Vielleicht würden die Passagiere gern unterscheiden können, ob sich der Lift aufwärts beschleunigt oder ob ein vorbeifliegender Planet einen Zug auf sie ausübt, aber sie können es nicht. Ohne Fenster können sie durch keinerlei Experiment den einen Effekt vom anderen – die Beschleunigung nach oben vom Zug der Schwerkraft nach unten – unterscheiden.

Einstein sprach daraufhin schlicht von der Äquivalenz beider Wirkungen; Unterschiede zwischen der Reaktion eines Körpers auf seine Beschleunigung, der so genannten Trägheit, und seiner Reaktion auf die Schwerkraft, der Gravitation, seien künstlich. Er verkündete sein Äquivalenzprinzip im Jahre 1911 und wandte es umgehend auf eine ganze Reihe

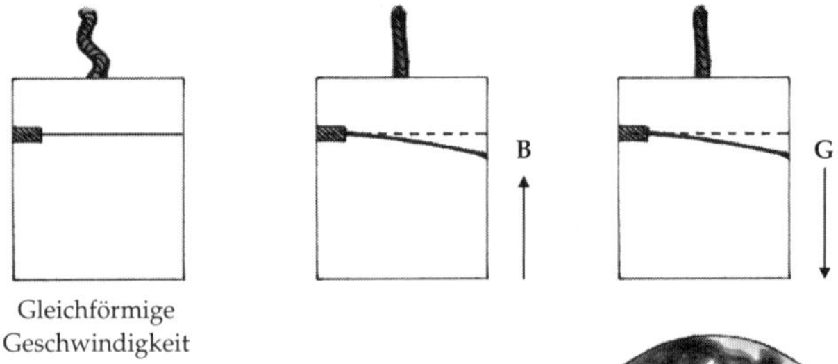

Abb. 7.2 Das Äquivalenzprinzip II: Ein Lichtstrahl biegt sich im Gravitationsfeld G des Planeten, das der Beschleunigung B entspricht.

von Problemen an. Er wusste bereits, wie man die Wirkung einer Beschleunigung auf verschiedene Phänomene berechnet, selbst wenn dabei keinerlei Effekte infolge von Schwerkraft zu erwarten waren. Jetzt konnte er Gravitation durch Beschleunigung ersetzen und nach den möglichen Auswirkungen Ausschau halten.

Das erste Problem, bei dem er sein neues Prinzip zur Anwendung brachte, war die Bestimmung des Weges, den ein Lichtstrahl nimmt. Kehren wir noch einmal zu dem im leeren Weltraum schwebenden Lift zurück. Wird von der einen Liftseite aus ein Laserstrahl auf die andere Seite gerichtet, dann wird dieser Lichtstrahl, wenn der Lift sich in einer gleichförmigen Bewegung befindet, eine gerade Linie beschreiben. Dies geschieht deshalb, weil der Laser sich mit derselben Geschwindigkeit bewegt wie der Lift. Für den Beobachter innerhalb des Lifts wird der Lichtstrahl die gegenüberliegende

Wand in derselben Höhe treffen, von der aus er abgefeuert wurde.
Richtet man jedoch einen Laserstrahl von der einen auf die andere Seite des Lifts, während dieser aufwärts beschleunigt wird, dann hat ein Beobachter im Lift den Eindruck, als beschreibe der Strahl eine gekrümmte Bahn, an deren Ende er unterhalb der Ausgangshöhe auf die gegenüberliegende Wand trifft. Da das Äquivalenzprinzip besagt, dass Beschleunigung und Schwerkraft dieselben Effekte erzeugen, muss ein Gravitationsfeld auch zur Krümmung eines Lichtstrahls führen. Das war ein neuer und unerwarteter Gedanke. Einstein hatte eine neue Äquivalenz für die beschleunigte Bewegung entdeckt.
Kurz nachdem Einstein sein Äquivalenzprinzip verkündet hatte, regte der Mann, der für gewöhnlich als ein rein theoretischer, nur mit Mathematik und Geometrie beschäftigter Kopf galt, an, dass sich seine Idee über die Beugung von Licht durch Schwerkraft durch ein Experiment während einer totalen Sonnenfinsternis überprüfen ließe. Da die Fixsterne in den Himmelsgegenden in Sonnennähe während einer totalen Sonnenfinsternis sichtbar seien, könne die Konsequenz der Theorie mit dem Experiment verglichen werden.
Nun war das Äquivalenzprinzip zwar ein Kernstück, aber doch nur ein kleiner Teil seiner aufwendigen allgemeinen Relativitätstheorie. Mit der Hilfe seines Freundes Marcel Grossmann, der gerade auf jenem Gebiet der Mathematik ein Experte war, das Einstein benötigte, formulierte er eine abschließende Reihe von Gleichungen, die sein ästhetisches

Kriterium erfüllten, wonach für die gleichförmige wie für die beschleunigte Bewegung dieselben physikalischen Gesetze gelten müssten. Aus seiner Sicht war die Vorstellung von einer Gravitationskraft obsolet. Die Newtonsche Gravitation wurde ersetzt durch Einsteins gekrümmten Raum.

Nun glaubte er, über die korrekten Gleichungen zu verfügen, und wandte sie sogleich auf die ungewöhnliche Bahnbewegung des sonnennächsten Planeten, des Merkur, an. Newtons Theorie hatte die markante Verschiebung des sonnennächsten Punktes auf Merkurs Umlaufbahn um die Sonne nicht erklären können. Alle Planeten stören einander durch den Zug ihrer Gravitation, was unter anderem dazu führt, dass ihre ellipsenförmigen Bahnen selbst rotieren und somit das Perihel des Planeten – der Punkt, an dem er der Sonne am nächsten kommt – mit jedem Umlauf ein Stück weiter auf der Bahn vorrückt. Im Falle des Merkur ist dieses Vorrücken des Perihels größer, als es durch die Newtonsche Gravitation erklärt werden konnte. Einsteins neue Theorie sagte nun exakt die Differenz zwischen der beobachteten und der nach der Newtonschen Gravitation zu erwartenden Verschiebung voraus. Er wies nach, dass sich dort, wo die Gravitation schwächer ist, etwa an Punkten im Sonnensystem, die weiter von der Sonne entfernt sind als die Umlaufbahn des Merkur, die neue Theorie auf die Newtonsche Formulierung reduzierte. Das kann nur richtig sein, da Newtons Theorie im Verlauf von über 300 Jahren durch sämtliche auf der Gravitation basierende Berechnungen bestätigt worden war – diesen einen Fall des Vorrückens von Merkurs Perihel ausgenommen.

Schließlich berechnete Einstein den Winkel, in dem ein Lichtstrahl gekrümmt würde, wenn er nur kurz am Rand der Sonne vorbeistrich. Die allgemeine Relativitätstheorie sagte eine Verschiebung um 1,75 Bogensekunden voraus. Dieser Wert war genau doppelt so groß wie der, den man mit Hilfe Newtonscher Mechanik berechnete, wenn man diese auf – als Teilchenstrom aufgefasstes – Licht anwandte. Die Winkelöffnung mag äußerst klein erscheinen (schließlich hat ein einziger Winkelgrad 3600 Bogensekunden), aber mit einem guten Teleskop ließe sie sich ziemlich genau messen. Einstein wusste das und schlug nun vor, eine präzise fotografische Untersuchung der verfinsterten Sonne solle zwischen seiner Gravitationstheorie und der von Isaac Newton entscheiden.

DIE EXPERIMENTELLE BESTÄTIGUNG

In einem fünfzigseitigen Aufsatz, der 1916 in den *Annalen der Physik* erschien, legte Einstein seine abschließenden Ergebnisse vor und beschrieb seine neue Theorie, die er allgemeine Relativität nannte. Kaum war diese Theorie veröffentlicht, überprüfte Einsteins Kollege Erwin Freundlich vom Potsdamer Observatorium Fotografien von früheren Sonnenfinsternissen, die sich aber als nicht aussagekräftig erwiesen. Astronomen vom Lick-Observatorium in den USA versuchten, die Sonnenfinsternis vom 8. Juni 1918 zu fotografieren, doch ein bewölkter Himmel vereitelte ihr Vorhaben. Als im

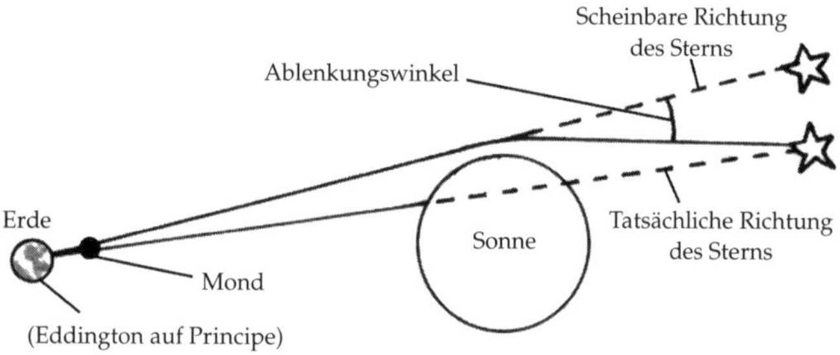

Abb. 7.3 Messung der Ablenkung des Sternenlichts während einer Sonnenfinsternis. Der Beobachter auf der Erde (Eddington) sieht den Stern neben dem Rand der verfinsterten Sonne. Tatsächlich befindet sich der Stern aber hinter der Sonne.

November 1918 der Erste Weltkrieg mit einem Waffenstillstand zu Ende ging, griffen die Briten die Idee auf.

Einsteins Plan war einfach und praktikabel. Als Erstes galt es, das Datum der nächsten totalen Sonnenfinsternis nach Kriegsende herauszufinden. Dann mussten ein großes Teleskop und eine hochauflösende Kamera an einen in der Totalitätszone gelegenen Ort transportiert und auf die Sonne ausgerichtet werden. Im Augenblick des zweiten Kontakts, zu dem der Mond erstmals die Sonne vollständig abdeckt, würden am verdunkelten Himmel um die Sonne herum Sterne zum Vorschein kommen. Das Licht dieser Sterne, das eine Entfernung von Hunderten oder Tausenden von Jahren durchmessen hätte, würde den äußeren Rand der Sonne passieren, in die Kamera fallen und darin Bilder auf den Fotoplatten erzeugen. Falls Einstein Recht hatte, würden diese Lichtstrahlen durch die Krümmung des Raumes in Sonnennähe – eine Folge des starken Gravitationsfeldes der Sonne –

gekrümmt und auf eine andere Bahn gelenkt, bevor sie die Kamera auf der Erde erreichten. Um diese Verschiebung der scheinbaren Sternpositionen zu entdecken, müsste man die Fotografien von den verschobenen Positionen mit Aufnahmen desselben Sternenfeldes vergleichen, die bei einer anderen Position der Sonne entstanden waren, bei der das Sternenlicht nicht abgelenkt sein würde.

Es versteht sich von selbst, dass für ein Gelingen dieses Experiments ein klarer Himmel nötig war, die Auflösung der Kamera hoch genug sein musste, um auf den Platten scharfe Bilder der Sterne zu erzeugen, und in der Nähe der Sonne ausreichend helle Sterne sichtbar sein mussten. Auf die Unwägbarkeiten des Wetters hatten die Experimentatoren natürlich wenig Einfluss, aber dafür konnten sie sicherstellen, dass eine der Aufgabe gewachsene Kamera zur Verfügung stand, und eine Sonnenfinsternis aussuchen, die sich vor einem hellen Sternenfeld abspielen würde.

Angesichts der Seltenheit einer totalen Sonnenfinsternis und der wenigen hellen Sterne entlang der Sonnenbahn im Jahreslauf hätten die Astronomen womöglich jahrelang auf die passende Gelegenheit warten müssen. Doch es sollte ganz anders kommen. Könnten sich Astronomen das Sternenfeld hinter der Sonne aussuchen, das für ein solches Fotoexperiment bei einer Sonnenfinsternis am besten geeignet wäre, würden sie sich vermutlich für jenen Tag des Jahres entscheiden, an dem sich die Sonne bei ihrer Reise durch die Sternbilder des Tierkreises in der Mitte des hellen Sternhaufens der Hyaden im Sternbild Stier befindet. Das ist jedes Jahr am

29. Mai der Fall. Wie groß war die Begeisterung, als man feststellte, das die nächste totale Sonnenfinsternis, die erste nach dem Ende des Krieges, auf den 29. Mai 1919 fiel. Und damit nicht genug: Mit einer Dauer von 6 Minuten und 50 Sekunden würde ebendiese Sonnenfinsternis annähernd das theoretische Maximum erreichen.

Noch während des Krieges erkannte der Königliche Astronom, Sir Frank Dyson (1868–1939), die Gelegenheit, Einsteins Theorie bei dieser besonders günstigen Sonnenfinsternis zu überprüfen. Er erhielt dafür einen staatlichen Förderungsbetrag von 1000 Pfund und wandte sich natürlich an Eddington, der seit langem am Royal Observatory tätig war und ihm bei der Planung der Expedition helfen sollte.

Eddington hatte als Sekretär der Royal Astronomical Society während der Kriegsjahre in ständigem Kontakt mit dem Kosmologen Willem de Sitter im neutralen Holland in Verbindung gestanden. De Sitter hatte Eddington Kopien aller Aufsätze Einsteins über dessen sich entwickelnde Theorie zugeschickt, noch bevor sie veröffentlicht waren. Eddington hatte die schwierige allgemeine Relativitätstheorie gleichsam für englische Leser übersetzt und populär gemacht und war daher prädestiniert, eine wichtige Rolle im Drama der Überprüfung dieser Theorie bei einer Sonnenfinsternis zu spielen.

Weithin gilt Eddington – der führende Vertreter von Einsteins neuer Theorie und einer der bedeutendsten Astronomen seiner Zeit – als die treibende Kraft hinter dieser Expedition. Doch das trifft nicht zu. Für Eddington stand nämlich außer

Zweifel, dass Einsteins Theorie richtig war, und so hielt er es für unnötig, die Vorhersagen durch ein derart schwieriges Experiment zu überprüfen. Dass er dennoch in das Projekt verwickelt wurde, lag an Dyson und einer Reihe glücklicher Umstände, die mit seiner pazifistischen Überzeugung zu tun hatten.

Für eine gut geplante Sonnenfinsternis-Expedition mussten die Vorbereitungen etwa zwei Jahre vorher beginnen. Obwohl Dyson über einen kleinen Förderungsbetrag verfügte, war es in einer Zeit, in der alle Ressourcen vorrangig den Kriegsanstrengungen zur Verfügung standen, unmöglich, einen Instrumentenbauer um Hilfe zu bitten. Andere Komplikationen kamen hinzu. Eddington, ein gesunder Mann von 34 Jahren, konnte zum Kriegsdienst einberufen werden. Als frommer Quäker würde er aber sicherlich aus Gewissensgründen die Freistellung beantragen und am Ende zusammen mit anderen Pazifisten in einem Lager in Nordengland Kartoffeln schälen.

Einigen bedeutenden Cambridge-Gelehrten gelang es jedoch, die Behörden davon zu überzeugen, dass es nicht im Interesse des Landes liege, einen so herausragenden Wissenschaftler wie Eddington in den Streitkräften Dienst tun zu lassen. Eddington erhielt schließlich ein Schreiben des Innenministeriums, das ihm die Freistellung gewährte. Er musste es nur noch unterschreiben und zurückschicken. Der sture Eddington beharrte freilich auf einem Nachsatz, in dem er erklärte, er hätte in jedem Fall die Freistellung aus Gewissensgründen beantragt.

Zum Leidwesen seiner Förderer in Cambridge reagierte das Innenministerium verärgert auf Eddingtons Antwort und wollte ihn wie die anderen Pazifisten aus dem Verkehr ziehen. Nun intervenierte Dyson, der Königliche Astronom, höchstpersönlich. Am Ende wurde Eddington zwar freigestellt, allerdings nur gegen die Zusage, eine Sonnenfinsternis-Expedition zur Bestätigung von Einsteins Theorie zu leiten, falls der Krieg vor dem Mai 1919 endete.

Royal Society und Royal Astronomical Society bildeten einen gemeinsamen Ausschuss zur Organisation des Projekts, dessen Vorsitz der Königliche Astronom innehatte. Man plante zwei getrennte Expeditionen: eine nach Sobral in Brasilien und eine weitere nach Principe vor der westafrikanischen Küste. Bei Kriegsende entschied sich Eddington für Principe und erhielt die Erlaubnis, die hochwertige Linse des astrographischen Teleskops von Oxford mitzunehmen. Anfang März schiffte er sich nach Lissabon ein.

PRINCIPE: DIE SONNENFINSTERNIS VOM 29. MAI 1919

Eddington traf frühzeitig auf Principe ein. Wochenlang tüftelte er an der Teleskophalterung herum, die sich anscheinend unberechenbar verhielt. Ihm war klar, dass die Bilder der verschobenen Sterne während der Verfinsterung mit größter Sorgfalt aufgenommen werden mussten. Höchstmögliche Präzision würde nötig sein, um zwischen der von

Einstein vorhergesagten Ablenkung des Sternenlichts am Sonnenrand um 1,75 Bogensekunden und der nach Newtons Theorie zu erwartenden Hälfte dieses Wertes, also 0,875 Bogensekunden, zu differenzieren. Eddington errichtete eine Beobachtungshütte und versuchte alles auszuschließen, was zu Vibrationen des Teleskopträgers hätte führen können. Schließlich konnte er nur noch abwarten, bis die Bahn des Neumonds die Sonne auf der Ekliptik kreuzte.

Vom 10. Mai an regnete es jeden Tag. Als an jenem schicksalhaften 29. Mai der Moment der Verfinsterung herannahte, war die Sonne völlig hinter den Wolken verschwunden. Während er um ein Wunder betete, richtete der verzweifelte Eddington sein Teleskop auf die Sonne aus und entfernte den Schutzschild von der Fotoplatte. Als die totale Sonnenfinsternis begann, zog er die Schutzkappe von der Teleskoplinse und machte mehrere Aufnahmen vom dunklen, wolkenverhangenen Himmel. Sterne vermochte er nicht zu entdecken, während die 400 Sekunden der Totalität vor sich hin tickten. Dann geschah doch noch das Wunder. Die Wolkendecke riss auf, und für einen Moment waren ein paar Sterne zu sehen. Rasch belichtete er eine neue Platte, ehe die Sonne wieder hinter dem Mond auftauchte.

Eddingtons Beschreibung der Expedition in seinem Notizbuch verdeutlicht die Enttäuschung, die er am Tag der Sonnenfinsternis durchlebte:

> Principe kam erstmals am Morgen des 23. April in Sicht, und bald merkten wir, dass wir es gut getroffen hatten;

alle waren darauf bedacht, uns jegliche nötige Hilfe zu geben. Um den 16. Mai konnten wir ohne Probleme in drei Nächten die Vergleichsaufnahmen machen. Ich hatte eine Menge Arbeit damit, diese zu vermessen. Am 29. Mai zog ein gewaltiger Regensturm auf. Gegen Mittag hörte der Regen auf, und etwa um 13:30 Uhr, als die partielle Verfinsterung schon weit fortgeschritten war, tauchte erstmals kurz die Sonne auf. Wir mussten unser Programm auf gut Glück durchführen. Ich sah die Verfinsterung nicht, weil ich zu sehr mit dem Auswechseln der Platten beschäftigt war, einen kurzen Blick ausgenommen, um mich zu vergewissern, dass sie begonnen hatte, und einen zweiten zur Halbzeit, um zu sehen, wie stark die Bewölkung war. Wir machten 16 Aufnahmen. Die von der Sonne, die eine äußerst bemerkenswerte Protuberanz zeigten, waren allesamt gut; aber die Bewölkung hat die Bilder der Sterne gestört. Die letzten sechs Fotos zeigen ein paar Bilder, von denen ich hoffe, dass sie uns liefern werden, was wir brauchen.

Eddington entwickelte die Platten, fand aber nur auf einer einzigen Bilder von Sternen. Mit Feuereifer vermaß er probeweise mit dem Mikrometer die Verschiebung mehrerer Sterne und fand zu seiner Freude einen durchschnittlichen Ablenkungswinkel von 1,61 Bogensekunden. Dieser Wert sprach für Einsteins neue Theorie und gegen die Newtons. Einige Tage später schrieb Eddington in sein Tagebuch:

3. Juni: Ich habe die Fotografien entwickelt, zwei pro Nacht während der sechs Nächte nach der Sonnenfinsternis, und den ganzen Tag mit dem Vermessen zugebracht. Das wolkige Wetter brachte meine Pläne durcheinander, und ich musste beim Vermessen anders verfahren als vorgesehen, weshalb es mir nicht möglich war, irgendein vorläufiges Resultat bekannt zu geben. Aber die eine Platte, die ich vermessen habe, erbrachte ein Resultat, das mit Einstein übereinstimmt.

Eddington sollte diesen Tag nie vergessen, den er Jahre später einmal den größten Moment seines Lebens nannte. Zurück in England, wurden die Aufnahmen der Sonnenfinsternis mit großer Sorgfalt vermessen, bevor man die Ergebnisse bekannt gab. Im September hörte Einstein von Gerüchten, wonach die Ergebnisse der Sonnenfinsternis zu seinen Gunsten ausgefallen seien. Obwohl der Krieg inzwischen zu Ende war, führte Eddington die Korrespondenz noch immer über seinen Kollegen de Sitter in Holland. Am 22. September 1919 erhielt Einstein ein Telegramm seines Freundes Hendrik Lorentz, eines anerkannten holländischen Physikers, mit der Nachricht, Eddington habe die volle Ablenkung des Sternenlichts im Einklang mit der allgemeinen Relativität gefunden. Einstein konnte es kaum glauben, schickte aber umgehend eine Postkarte an seine kranke Mutter in der Schweiz: »Heute eine gute Nachricht. H. A. Lorentz hat mir telegraphiert, dass die englische Expedition die Lichtablenkung an der Sonne wirklich bewiesen hat.« Die Botschaft erweckt den Eindruck,

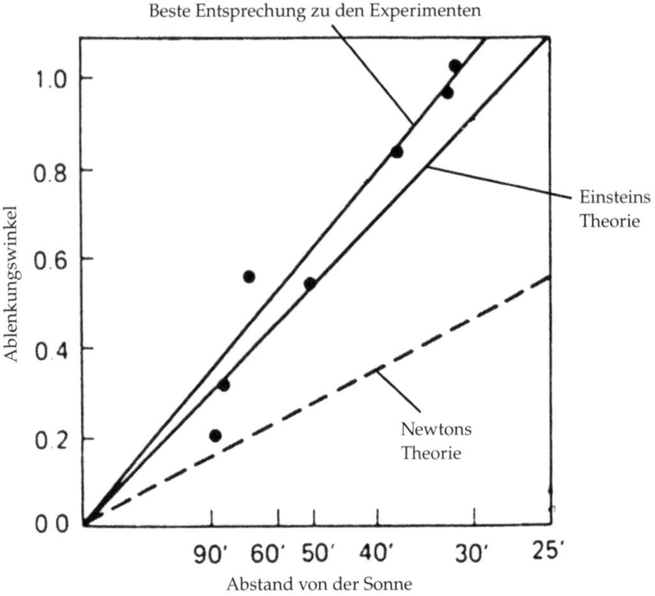

Abb. 7.4 Die Ergebnisse der britischen Sonnenfinsternis-Expedition vom 29. Mai 1919. Man beachte, dass die durch experimentelles Messen erlangte Linie der Einsteinschen Theorie viel näher kommt als derjenigen Newtons. (Philosophical Transactions of the Royal Society, Bd. 220 [1919])

Einstein sei sich nicht ganz sicher gewesen, was die Sonnenfinsternis erbringen würde. Denkbar wäre es. Was die Theorie selbst betrifft, hegte er freilich keinerlei Zweifel, was sich aus folgender Begebenheit jener Zeit ersehen lässt.

Eine seiner damaligen Studentinnen an der Berliner Universität, Ilse Rosenthal-Schneider, berichtete, er habe eines Tages die Diskussion im Seminar plötzlich unterbrochen, ein Telegramm vom Fensterbrett genommen und es ihr mit den Wor-

ten gereicht: »Hier, das wird Sie vielleicht interessieren.« Es war Eddingtons Telegramm mit den Messergebnissen der Sonnenfinsternis. Als sie ihre Freude darüber kundtat, dass die Ergebnisse mit seinen Berechnungen übereinstimmten, sagte er ganz ungerührt: »Ich wusste ja, dass die Theorie stimmt.« Daraufhin fragte sie ihn, wie er sich wohl gefühlt hätte, wenn seine Vorhersage nicht bestätigt, seine Theorie gar widerlegt worden wäre. »Da könnt' mir halt der liebe Gott leid tun, die Theorie stimmt doch«, gab er zurück.
Kurz darauf antwortete Einstein seinem englischen Kollegen mit einem Brief, der folgendermaßen begann:

> Lieber Herr Eddington!
> Zunächst einmal möchte ich Ihnen zum Erfolg Ihrer schwierigen Expedition gratulieren. In Anbetracht des großen Interesses, das Sie schon in früheren Tagen der Relativitätstheorie entgegengebracht haben, darf ich wohl davon ausgehen, dass wir den Umstand, dass diese Expeditionen überhaupt haben stattfinden können, in erster Linie Ihrer Initiative zu verdanken haben. Es erstaunt mich, wie sehr sich meine englischen Kollegen für die Theorie trotz ihrer Schwierigkeit interessieren.

Noch aber war die Nachricht nicht offiziell. Am 6. November 1919 traten in London die Royal Society und die Royal Astronomical Society zu einer historischen gemeinsamen Sitzung zusammen. Über zwei Jahrhunderte zuvor war Newton zum Präsidenten der Royal Society gewählt und bis zu seinem

Tod jedes Jahr wiedergewählt worden. Nun, im Jahre 1919, hatten ihn die versammelten Wissenschaftler buchstäblich vor Augen, denn sein Porträt hing an der Wand über seinem Ehrenplatz. Es hatte fast den Anschein, als werfe er den Blick scharf nach rechts, als der Königliche Astronom offiziell verkündete, »die Ergebnisse der Expedition« ließen »wenig Zweifel daran, dass in der Nähe der Sonne eine Ablenkung des Lichts stattfindet und dass sie die von Einsteins allgemeiner Relativitätstheorie verlangte Größenordnung aufweist«.

Zum Abschluss der Sitzung rühmte J. J. Thomson, der Entdecker des Elektrons, Nobelpreisträger und Präsident der Royal Society, Einsteins Arbeit öffentlich als »eine der größten Leistungen in der Geschichte menschlichen Denkens«, vielleicht die größte überhaupt. Zur Dramatik des Vorgangs trug fraglos bei, dass das Ende des Weltkrieges erst kurz zurücklag. Eine neue Theorie des Universums, formuliert von einem deutschen, in Berlin tätigen Juden, war von einem englischen Quäker auf einer kleinen afrikanischen Insel bestätigt worden.

Die Anerkennung von Einsteins Theorie durch die Bestätigung der vorhergesagten Ablenkung des Sternenlichts geschah somit unter äußerst dramatischen Umständen. In einer Zeit, als die Völker vom Krieg ermattet und seelisch verwundet waren, hatten die gekrümmten Lichtstrahlen der Gestirne eine von Schatten verdüsterte Welt erhellt und eine Einheit der Menschheit enthüllt, die jenseits des Krieges aufschien. Für die Öffentlichkeit war die Ablenkung des Sternenlichts eine verblüffende Sensation, Einstein selbst jedoch war urplötzlich weltberühmt. Dieser in seinem Wesen einfache Mann, ein klösterlicher Sucher nach kosmischer Schönheit, war zur internationalen Ikone und zum Gegenstand weltweiter Bewunderung geworden.

Einsteins Erhebung zu einer Art Heiligen begann mit Schlagzeilen in der Londoner *Times*. Unter der Überschrift »Der Aufbau des Universums« erläuterte ein Artikel Eddingtons Expedition und deren Zweck und kam zu dem Schluss: »Die bedeutendsten Fachleute sind der festen Überzeugung, dass damit alles getan ist, um die Gewissheiten von Jahrhunderten zu stürzen; gefordert ist eine neue Philosophie, die so nahezu alles hinwegfegen wird, was bisher als axiomatische Basis physikalischen Denkens gegolten hat.«

Die *Times* war keineswegs die einzige große Tageszeitung, die die allgemeine Relativitätstheorie und Eddingtons Sonnenfinsternis-Expedition in großer Aufmachung herausbrachte. Die Sonntagsausgabe der *New York Times* vom 9. November 1919 brachte einen Dreispalter mit dem Titel: »Sonnenfinsternis bewies Gravitationsabweichung: Als epochal gefeiert«. Nachdem der Artikel die Expedition beschrieben hatte, hieß es: »Die Belege zu Gunsten der gravitationsbedingten Krümmung des Lichts sind überwältigend, und für die Einsteinsche Ablenkung spricht entschieden mehr als für die Newtonsche.« Danach zitierte der Artikel J. J. Thomsons Bewertung der experimentellen Verifikation: »Es ist nicht die Entdeckung einer abgelegenen Insel, sondern eines ganzen Kontinents neuartiger wissenschaftlicher Ideen, die für einige der fun-

Abb. 7.5 Erstes Zusammentreffen von Einstein und Eddington im Jahre 1923 in Leiden (im Uhrzeigersinn: Einstein, Paul Ehrenfest, Willem de Sitter, Hendrik Lorentz und Eddington).

damentalsten Fragen im Zusammenhang mit der Physik von größter Wichtigkeit sind.«

Vielleicht sollte Eddington selbst das letzte Wort in dieser Angelegenheit haben. Eine Anekdote, von der man jahrzehntelang dachte, sie sei erfunden, wurde vor einigen Jahren von dem Physiker und Nobelpreisträger Subrahmanyan Chandrasekhar während eines Vortrags zu Eddingtons Gedenken als wahr bestätigt; Chandrasekhar hatte sie von Eddington selbst gehört. Danach war nach dem Ende der gemeinsamen Sitzung von Royal Society und Royal Astronomical Society im November 1919 ein Reporter an Eddington herangetreten und hatte ihn gefragt: »Professor Eddington, ich höre, dass Sie einer von nur drei Leuten auf der Welt sind, die die allgemeine Relativität verstehen.« Nachdenklich kratzte sich Eddington am Kopf. »Nun seien Sie doch nicht so bescheiden«, meinte der Reporter. Woraufhin der Professor gelassen erwiderte: »O nein, ganz im Gegenteil. Ich überlege nur gerade, wer der dritte sein könnte.«

Am Beginn des dritten Millenniums herrscht Einigkeit darüber, dass Einsteins Meisterwerk der Ausgangspunkt all unserer modernen Ideen zur Kosmologie gewesen ist. Dazu gehört die Theorie vom Urknall, vom sich ausdehnenden Universum und von der Entstehung der Gestirne. Die Entdeckungen von Pulsaren, Quasaren und Schwarzen Löchern haben sämtliche Gravitationstheorien außer Kraft gesetzt mit Ausnahme einer einzigen – die der allgemeinen Relativität. Erst jetzt, in einer Zeit, da die moderne Astrophysik sich immer tiefer in den Weltraum vorarbeitet, beginnen wir zu begreifen, dass wir in der Tat in einem gekrümmten Universum leben, ebenjenem, das Einstein beschrieben hat.

DIE LETZTE SONNENFINSTERNIS DES ZWEITEN JAHRTAUSENDS

O Dunkel, Dunkel, Dunkel in der Glut des Mittags,
Unrettbar dunkel, totale Finsternis
Ohn' alle Hoffnung auf den Tag
Milton, Samson Agonistes

O schwöre nicht beim Mond, dem unbeständ'gen,
der monatlich in seiner Bahn sich wandelt …
William Shakespeare, Romeo und Julia

Am Mittwoch, dem 11. August 1999, ereignete sich die letzte totale Sonnenfinsternis im 20. Jahrhundert, die zudem von mehr Menschen beobachtet wurde als jede andere Sonnenfinsternis der Weltgeschichte. Die Bahn, auf der der Kernschatten des Mondes über die Erdoberfläche hinwegzog, begann im Atlantik und überquerte Mitteleuropa und den Mittleren Osten, bevor sie bei Sonnenuntergang im indischen Golf von Bengalen zu Ende ging. Eine partielle Sonnenfinsternis war innerhalb der sehr viel breiteren Bahn des Halbschattens zu beobachten, der den Osten Nordamerikas, ganz Europa, den Norden Afrikas sowie die Westhälfte Asiens erfasste. Die Totalitätszone verlief quer über Europa und zu-

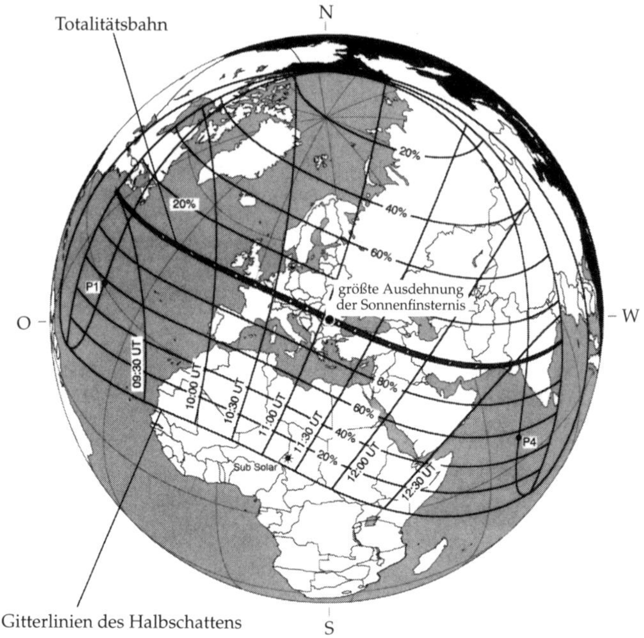

Abb. 8.1 Der Globus unter dem Mondschatten der Sonnenfinsternis vom 11. August 1999

meist über dicht bevölkerte Gebiete hinweg. Freilich sorgten die Wettervarianten zwischen Cornwall in England und dem Golf von Bengalen dafür, dass Beobachter das Ereignis höchst unterschiedlich – und womöglich gar nicht – erlebten.

Abbildung 8.1 zeigt den Verlauf der Eklipsenbahn auf dem Globus. Die vertikalen Linien geben die Position des Schattens zu unterschiedlichen Zeiten an und sind mit UT, Universal Time, bezeichnet. Diese von Zeitzonen unabhängige Zeitskala wird von Astronomen benutzt. Um sie auf die mitteleuropäische Sommerzeit MESZ umzurechnen, addiert

man einfach zwei Stunden hinzu. (Im Rest des Kapitels sind die Zeiten in europäischer Sommerzeit angegeben.)
Die Totalität setzte etwa 300 Kilometer südlich von Neuschottland bei Sonnenaufgang ein, als um 11:30:57 Uhr der Kernschatten des Mondes seine Reise über die Erdkugel begann. Auf dem britischen Festland stand die Sonne zu diesem Zeitpunkt bereits seit einigen Stunden über dem Horizont. Für die ersten Beobachter, die vom Meer aus die Verfinsterung bei Sonnenaufgang sahen, dauerte die Totalität nur 47 Sekunden, denn die Totalitätszone war dort gerade mal 49 Kilometer lang. Kurz darauf flog über dem Nordatlantik eine der überschallschnellen Concorde-Passagiermaschinen in den Schatten hinein, um ein Wettfliegen mit ihm aufzunehmen.
Während der nächsten 40 Minuten zog der Schatten über den Nordatlantik und durchquerte dabei mehrere Zeitzonen, kam aber mit keinem Land in Berührung. Um 12:10 Uhr MESZ erreichte er die Scilly-Inseln vor der Südwestküste Englands. Zu dieser Zeit stand die Sonne bereits 45 Grad über dem östlichen Horizont. Auf der Mittellinie des Kernschattens dauerte die totale Verfinsterung jetzt 2 Minuten, und die Länge der Totalitätszone hatte sich mittlerweile auf 103 Kilometer ausgedehnt.
Der Schatten zog mit einer Geschwindigkeit über Grund von 54,6 Kilometern pro Minute ostwärts und ließ selbst die mächtige Concorde hinter sich, die es bestenfalls auf etwa 45 Kilometer pro Minute bringt und folglich in jeder Minute um 10 Kilometer gegenüber dem Schatten verlor.

Um 12:11 Uhr MESZ traf der Mondschatten zum ersten Mal seit 1927 wieder auf das britische Festland und zog für 4 Minuten über englischen Boden hinweg, bevor er sich auf den Weg über den Ärmelkanal machte. Die nächste totale Sonnenfinsternis, deren Schatten Großbritannien berührt, wird erst im Jahr 2090 eintreten. Die lang erwartete Ankunft an den Küsten der Halbinsel Cornwall wurde für die Beobachter zur großen Enttäuschung, weil der Himmel mit dichten Wolken bedeckt war. Das führte zu einer extremen Verdunkelung während der Totalität, aber von den besonderen Phänomen wie den sehr kurzlebigen Bailyschen Perlen und der gespenstischen Korona war nicht einmal ein Schimmer zu sehen.
Wenige Minuten später verließ der Kernschatten um 12:16 Uhr MESZ England und zog, wie Abbildung 8.2 zeigt, rasch über den Kanal, über Nordfrankreich, die Südspitze Belgiens und Luxemburg hinweg weiter in Richtung Süddeutschland. Nach ihrem Weg über Österreich, Ungarn und den äußersten Norden Serbiens erreichte die totale Sonnenfinsternis über Rumänien das Maximum ihrer Dauer, ehe sie über den Nordosten Bulgariens auf das Schwarze Meer zuraste.
Es war das erste Mal seit 1961, dass Mitteleuropa unter dem dunklen Schatten des Mondes lag. Kaum war sein nördlicher Rand von England weggezogen, berührte der südliche schon bei Cherbourg die Küste der Normandie. Auf seinem Weg über Nordfrankreich lag Paris 30 Kilometer zu weit im Süden, aber um 12:23 Uhr Ortszeit betrug die Magnitude der Verfinsterung dort immerhin noch 0,992.

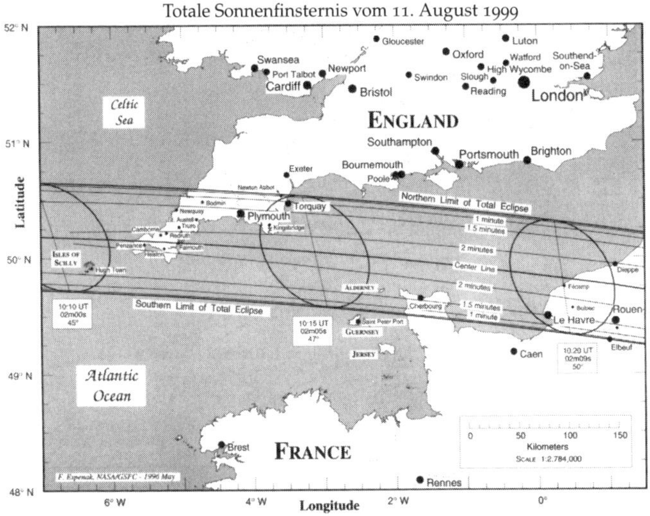

Abb. 8.2 Die Totalitätsbahn am 11. August 1999 zwischen England und Frankreich

Über Karlsruhe, einer der wenigen deutschen Städte, wo die Wolkendecke kurz vor der dort 2 Minuten und 8 Sekunden dauernden Totalitätsphase aufriss und eine spektakuläre Sicht auf die Vorgänge am Himmel gestattete, war die Sonne zwischen 12:31:39 und 12:33:47 Uhr völlig von der Mondscheibe verdeckt.

Stuttgart befand sich fast genau in der Mitte der Totalitätszone, lag aber unter einer dichten Wolkendecke, aus der es heftig regnete. Bei klarer Sicht hätte die Totalitätsdauer 2 Minuten und 17 Sekunden betragen; die Sonne wäre jetzt 55 Grad hoch über dem Horizont zu sehen gewesen, und der Schattenkegel hatte inzwischen einen Durchmesser von 109 Kilometer erreicht, während sich seine Geschwindigkeit

Totale Sonnenfinsternis vom 11. August 1999

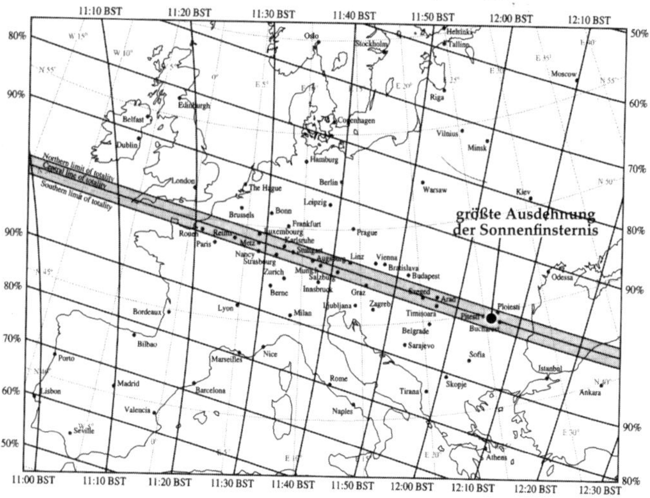

Abb. 8.3 Die Totalitätsbahn über Europa. Der Moment der größten Verfinsterung trat um 13:03:04 MESZ in der Nähe der rumänischen Hauptstadt Bukarest ein.

über Grund von 54,6 Kilometer pro Minute bei der ersten Berührung mit Europa auf 44,4 Kilometer pro Minute verringert hatte. Dies lag daran, dass die Entfernung zwischen der Schattenachse des Mondes und dem Erdmittelpunkt inzwischen kleiner geworden war und sich dadurch die »Verlangsamungsgeschwindigkeit« der Erdrotation entsprechend vergrößerte. Obwohl München 20 Kilometer südlich der Mittellinie der Schattenbahn lag, herrschte dort über 2 Minuten lang eine totale Sonnenfinsternis.

Die Bahn des Mondschattens über Europa lässt sich auf Abbildung 8.3 verfolgen. Um 12:41 Uhr MESZ bewegte sich der Kernschatten von Deutschland nach Österreich hinein. Wien lag fast 40 Kilometer nördlich der Totalitätszone, weshalb es dort nur zu einer partiellen Sonnenfinsternis der Magnitude 0,990 kam. Als der Südrand der Schattenbahn über den Nordosten Sloweniens hinwegzog, fiel um 12:47 Uhr MESZ erstmals Westungarn unter den Kernschatten des Mondes. Der bei Urlaubern beliebte Balatonsee, wo die Totalität um 12:50 Uhr MESZ begann, lag bei besten Sichtverhältnissen für 2 Minuten und 22 Sekunden innerhalb des Kernschattens. Budapest erging es wie Wien – da der Kernschatten etwa 40 Kilometer weiter südlich an der ungarischen Hauptstadt vorbeizog, kam es dort nur zu einer Magnitude von 0,991.

Der Augenblick der größten Ausdehnung der Sonnenfinsternis trat um 13:03:04 Uhr MESZ ein, als die Achse des Mondschattens den Ort erreichte, wo sie dem Erdmittelpunkt am nächsten kam. In diesem Moment befand sich, wie aus Abbildung 8.3 ersichtlich, das Zentrum des Schattenkegels im Hügelland des südlichen Mittelrumänien, ganz nahe bei Rîmnicu-Vîlcea. Dort dauerte die Totalität 2 Minuten und 23 Sekunden; es war das Maximum im gesamten Verlauf dieser Sonnenfinsternis. Wenige Minuten später lag die rumänische Hauptstadt Bukarest unter dem Kernschatten.

Nach der Überquerung des Schwarzen Meeres berührte der Schatten erstmals wieder um 13:21 Uhr MESZ festes Land, und zwar im Norden der Türkei. In Ankara, das sich 150 Kilometer südlich des Kernschattens befand, herrschte eine partielle Sonnenfinsternis der Magnitude 0,969. Die Bahn schnitt diagonal über die Türkei hinweg, während sich die Dauer der Totalität entlang der Mittellinie des Schattens von da an wieder nach und nach verringerte. Um 13:29 Uhr MESZ lag Turhal für 2 Minuten und 15 Sekunden direkt unter dem Mondschatten. Hätte man an diesem Tag in Südengland freien Blick auf die Sonne gehabt, hätte man etwa zu diesem Zeitpunkt das Ende der Sonnenfinsternis erlebt, als sich mit dem vierten Kontakt der Mond völlig von der Sonnenscheibe ablöste.

Um 13:45 Uhr MESZ erreichte der Schatten die türkische Südostgrenze, berührte kurz Syrien und überquerte dann den Irak. Auf der Mittellinie der Schattenbahn betrug die Dauer der Totalität jetzt nur noch 2 Minuten und 5 Sekunden; die Sonne stand 50 Grad über dem Horizont. In Bagdad, 220 Kilometer südlich des Kernschattens, erreichte die partielle Sonnenfinsternis die Magnitude 0,940. Hinter der Westgrenze des Iran überquerte der Schatten während der nächsten halben Stunde nur dünn besiedelte Bergregionen und Wüsten. Die Millionenstadt Teheran bekam nur eine partielle Sonnenfinsternis der Magnitude 0,943 zu sehen. Um 13:22 Uhr MESZ überschritt der Kernschatten die Grenze zu Pakistan und strich dann an den Küsten des Arabischen Meeres entlang. Karachi, das sich fast auf der Mittellinie der Schattenbahn befand, erlebte für eine Minute und 13 Sekunden eine totale Sonnenfinsternis, wobei die Sonne nur mehr 22 Grad über dem westlichen Horizont stand. Mittlerweile war die Breite des Kernschattens auf 85 Kilometer zusammengeschrumpft, während seine Geschwindigkeit auf 120 Kilometer in der Minute angewachsen war.

In Indien, dem letzten Land auf seinem Weg, traf der Kernschatten um 14:28 Uhr MESZ ein. Während er über den Subkontinent hinwegstrich, nahm seine Geschwindigkeit rasant zu, weshalb die Dauer der Totalität auf seiner Mittellinie nicht einmal mehr eine Minute erreichte. Dort und zu dieser Zeit stand die Sonne nur noch 7 Grad über dem Horizont. Die 11 Millionen Einwohner Kalkuttas dürften wenig von dem Schauspiel zu sehen bekommen haben, denn die partielle Verfinsterung der Magnitude 0,879 spielte sich nur noch knappe 2 Grad über dem Horizont ab. Nördlich von Vishakhapatnam verließ der Schatten Indien wieder und strich noch ein Stück über den Golf von Bengalen, wo er exakt um 14:36:23 Uhr MESZ die Erdkugel verließ und in den Weltraum zurückkehrte. Im Verlauf von 3 Stunden und 7 Minuten hatte der Schattenkegel eine Strecke von ungefähr 14 000 Kilometer mit einer Durchschnittsgeschwindigkeit von 4500 Stundenkilometern zurückgelegt, ungefähr der doppelten Reisegeschwindigkeit einer Concorde.

DIE SAROS-SERIE 145

Wie jede andere Sonnenfinsternis war auch das Ereignis vom 11. August 1999 Teil einer Saros-Serie, und zwar die 21. Sonnenfinsternis der Saros-Serie 145. Bei dieser Serie kommt es immer am aufsteigenden Mondknoten zur Verfinsterung der Sonne, weshalb die Abfolge der Schattenbahnen von Norden nach Süden voranschreitet, also in umgekehrter Richtung als bei der in Kapitel 3 beschriebenen Saros-Serie 136, die am absteigenden Knoten eintritt. Man kann sich das leicht merken: Saros-Serien mit geraden Nummern treten an einem absteigenden Knoten auf, solche mit ungeraden an einem aufsteigenden Knoten.

Die Saros-Serie 145 ist noch jung: Sie begann am 4. Januar 1639 mit einer winzigen partiellen Sonnenfinsternis in den höchsten nördlichen Breiten. Nach 14 partiellen Sonnenfinsternissen von wachsender Größe kam es am 6. Juni 1891 zur ersten ringförmigen Sonnenfinsternis in dieser Serie. Ihre Dauer betrug nur 6 Sekunden, und ihre Bahn raste über Ostsibirien und den Arktischen Ozean hinweg. Zwar reichte die Spitze des Kernschattenkegels damals nicht ganz bis zur Erdoberfläche, da aber die Entfernung des Mondes von der Erdoberfläche bei jeder nachfolgenden Sonnenfinsternis dieser Serie weiter schrumpfte, berührte der Kernschatten schon bei der nächsten Sonnenfinsternis am 17. Juni 1909 die Erde. Damals ereignete sich eine hybride oder ringförmig/totale Sonnenfinsternis.

Am 29. Juni 1927 kam es zur dritten Zentralverfinsterung in der Saros-Serie 145. Es war die erste totale Sonnenfinsternis in dieser Serie, deren Bahn über England und danach über Skandinavien und Sibirien hinwegzog. Bei der darauf folgenden Sonnenfinsternis in Saros 145, am 9. Juli 1945, begann die Totalitätszone im amerikanischen Idaho und zog von dort rasch in nordöstlicher Richtung über Montana, Saskatchewan und Manitoba hinweg; nachdem sie die Hudson Bay, Grönland und den Nordatlantik überquert hatte, war die Totalität erneut in Skandinavien und in Sibirien zu sehen. Die

Totalitätszone der fünften Zentraleklipse dieser Serie vom 20. Juli 1963 strich über Alaska, die Mitte und den Osten Kanadas und den amerikanischen Bundesstaat Maine hinweg. Das Ereignis stieß auf ein großes Medienecho.

Die letzte Sonnenfinsternis aus Saros 145 vor dem 11. August 1999 ereignete sich am 31. Juli 1981 – natürlich 6585 Tage zuvor. Damals lagen Zentralsibirien, die Insel Sachalin und der Pazifik unter dem Kernschatten, dessen Bahn über den Globus nördlich von Hawaii ihr Ende fand. Einen Saros-Zyklus später kam es dann am 11. August 1999 zur letzten Sonnenfinsternis des Jahrtausends.

Die nächste Sonnenfinsternis aus der Saros-Serie 145 wird sich am 21. August 2017 ereignen, 18 Jahre und 10,32 Tage nach dem 11. August 1999. Erstmals seit 1979 wird vom Festland der Vereinigten Staaten aus wieder eine totale Sonnenfinsternis zu beobachten sein: Die Totalitätszone wird sich dann von Oregon über Idaho, Wyoming, Nebraska, Missouri, Illinois, Kentucky, Tennessee und North und South Carolina hinwegbewegen und eine maximale Dauer von 2 Minuten und 40 Sekunden erreichen.

Vom 21. bis ins 24. Jahrhundert wird Saros 145 weitere totale Sonnenfinsternisse von zunehmender Dauer hervorbringen, während sich die Schattenbahnen immer weiter nach Süden verlagern. Wenn am 25. Februar 2324 die Hälfte der Serie erreicht sein wird, wird die Totalität über 4 Minuten dauern. Auch während des 25. und 26. Jahrhunderts wird die Dauer der zu dieser Serie gehörenden Finsternisse weiter zunehmen. Das Maximum wird am 25. Juni 2522 mit 7 Minuten

und 12 Sekunden erreicht werden. Während der restlichen sechs totalen Sonnenfinsternisse dieser Serie verringert sich die Dauer rasch, wird aber bei der letzten am 9. September 2648 immer noch nahezu 3 Minuten betragen.
Danach werden sich während dreieinhalb Jahrhunderten in dieser Serie noch zwanzig partielle Sonnenfinsternisse von abnehmender Magnitude ereignen. Die 77. und letzte in der Saros-Serie 145 wird am 17. April 3009 über den Polarregionen der südlichen Hemisphäre stattfinden. Die Saros-Serie, der wir die letzte totale Sonnenfinsternis des zweiten Millenniums verdankten, wird sich also bis ins vierte Millennium erstrecken.

DIE SONNENFINSTERNIS ZUR SOMMERSONNENWENDE: 21. JUNI 2001

AFRIKANISCHE SONNENFINSTERNISSE IM 21. JAHRHUNDERT

EINLEITUNG

Es ist ein ungewöhnliches Zusammentreffen, dass die ersten totalen Sonnenfinsternisse des 21. Jahrhunderts alle in Afrika stattfinden. Von den insgesamt fünf totalen Sonnenfinsternissen, zu denen es zwischen 2000 und 2008 kommen wird, können drei vom afrikanischen Kontinent aus beobachtet werden, eine wird nur in der Antarktis zu sehen sein und eine weitere nur im Pazifik. Wer bei möglichst vielen Sonnenfinsternissen dabei sein will, wird sich also am Beginn des neuen Jahrtausends um Reisewege nach Afrika kümmern müssen.

Abbildung 9.1, auf der die Schattenbahnen für die Jahre 2000–2006 dargestellt sind, fasst die Lage zusammen. Im Abstand von nur 18 Monaten sind in den Jahren 2001 und 2002 im südlichen Afrika zwei totale Sonnenfinsternisse zu sehen, wobei erstere auch über die Insel Madagaskar hinwegzieht.

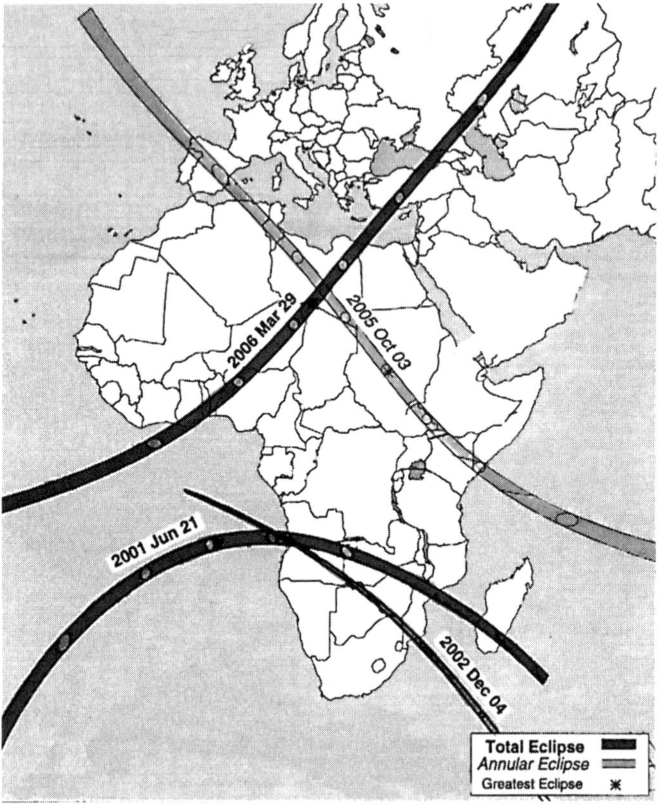

Abb. 9.1 Die Sonnenfinsternisse der nächsten Jahre über Afrika

Eine weitere totale Sonnenfinsternis überquert im Frühjahr 2006 den Nordwesten Afrikas, bevor der Mondschatten auf die Türkei und schließlich auf Russland fällt. Überdies kommt es im Herbst 2005 zu einer ringförmigen Sonnenfinsternis; sie überquert zunächst die Iberische Halbinsel, bevor sie ihre Bahn über Nordostafrika nimmt.

Im Verlauf dieser sechs Jahre werden 18 der 54 souveränen

Staaten Afrikas vom Schatten des Mondes berührt werden, was dieses Himmelsphänomen bei der Bevölkerung des »geschundenen Kontinents« mit Sicherheit zu einem viel diskutierten Thema machen wird. Welche Auswirkungen diese Vorgänge dort haben werden, lässt sich schwer vorhersagen. Da sich aber bei einem Großteil der afrikanischen Bevölkerung traditionell abergläubische Vorstellungen mit derlei Himmelsereignissen verbinden, wird man diesen Sonne-Mond-Konstellationen gewiss mit Befürchtungen und Sorgen entgegensehen. Derweil werden Tausende Sonnenfinsternis-Beobachter aus aller Welt, ausgerüstet mit allen nur erdenklichen optischen Geräten zur Beobachtung und Aufzeichnung, nach Afrika reisen und irgendwo auf den in Abbildung 9.1 verzeichneten Schattenbahnen Position beziehen.

Die erste dieser Sonnenfinsternisse und eben auch die erste des neuen Jahrtausends ereignet sich am Tag der Sommersonnenwende im Jahre 2001 und verlangt eine detailliertere Beschreibung.

DIE SONNWENDSONNENFINSTERNIS

Am Donnerstag, dem 21. Juni 2001, wird eine totale Sonnenfinsternis von einem schmalen Korridor aus zu sehen sein, der sich vom Südatlantik bis zum Indischen Ozean über die südliche Halbkugel erstreckt. Der Kernschatten des Mondes überquert dabei die Landmassen des südlichen Afrika und Madagaskars. Eine partielle Finsternis wird im ungleich breiteren Bereich der Halbschattenzone zu beobachten sein, zu dem der Osten Südamerikas und die beiden südlichen Drittel Afrikas gehören (siehe in Abbildung 9.2 den breiten Streifen des auf die Erde fallenden Halbschattens).

Man könnte die erste Sonnenfinsternis im dritten Jahrtausend als Sonnwendsonnenfinsternis bezeichnen, weil sie an dem im astronomischen Kalender wichtigen Tag eintritt, an dem die Sonne auf ihrer Bahn am Firmament eine Extremposition ihrer geozentrischen Breite erreicht. Man nennt dies ihre Deklination und bemisst sie mit dem Winkel zwischen Ekliptik und Himmelsäquator, wie in Kapitel 1 näher ausgeführt und in Abbildung 1.1 gezeigt. An der Sonnenwende hat die Deklination mit etwa 23,5 Grad ihren Maximalwert. Da während einer totalen Sonnenfinsternis Sonne und Mond – von der Erde aus gesehen – nahezu die gleiche Position einnehmen, müssen auch die Koordinaten beider Himmelskörper (ihre Deklination und ihre geozentrische Länge) fast die gleichen Werte aufweisen. Mond und Erde sind jedoch in Bezug auf die Sonne und aufeinander in ständiger Bewegung, so dass sich ihre Koordinaten permanent ändern. Der Moment der größten Verfinsterung wird deshalb als derjenige Punkt definiert, an dem die Differenz in ihren Positionen den Minimalwert erreicht. Dies zeigt Tabelle 9A. Man beachte, wie nah diese Werte im Moment der größten Verfinsterung bei dem Wert der Sonnenwende (nominal 23,5 Grad) und beieinander liegen.

Angesichts dieser Zahlen gewinnt man einen gewissen Eindruck von der Präzision, mit der Computermodelle die Posi-

Himmelskörper	Deklination	geozentr. Länge*
SONNE	23° 26 m 18,2 s	06 h 00 m 46,1 s
MOND	22° 52 m 27,2 s	06 h 01 m 00,5 s

* Der angewandten Astronomie halber werden die Koordinaten der geozentrischen Länge in Zeiteinheiten angegeben (24 Stunden = 360 Grad), wobei von der Position der Tagundnachtgleiche im Frühjahr aus gemessen wird, jenem Punkt, an dem die Ekliptik den Himmelsäquator kreuzt (bezeichnet mit K1 in Abbildung 1.1).

Tabelle 9A Geozentrische Koordinaten von Sonne und Mond im Moment der größten Verfinsterung (Zeit: 12:03:41,3 UT)

tion von Himmelskörpern voraussagen können. Die Anfänge dieser Genauigkeit gehen über 400 Jahre zurück, nämlich auf Johannes Keplers Entdeckung der Ellipsenform der Umlaufbahnen von Himmelskörpern um die Sonne. Bis dahin hielt man diese Umlaufbahnen fälschlich für vollkommene Kreise, weshalb entsprechende Voraussagen nicht exakt sein konnten.

DIE BAHN DES MONDSCHATTENS AM 21. JUNI 2001

Irgendwo im Weltraum erzeugt das Sonnenlicht immer einen Mondschatten. Zum Phänomen einer totalen Sonnenfinsternis in unserem Sinne kommt es jedoch nur dann, wenn der Mondschatten auf die Erde fällt und ihn jemand beobachtet. An diesem besonderen Tag berührt der Mondschatten die Erde erstmals um 10:35:55 UT mitten im Südatlantik etwa

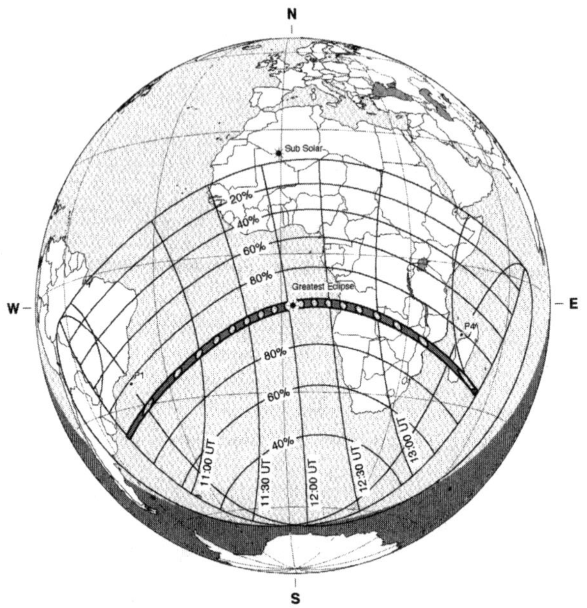

Abb. 9. 2 Die Sonnenfinsternis am 21. Juni 2001

400 Kilometer südöstlich von Uruguay. Zu dieser Zeit geht dort gerade die Sonne auf, und die Verfinsterung dauert, wenn man sie vom Zentrum der dann 127 Kilometer breiten Schattenbahn aus beobachtet, 2 Minuten und 6 Sekunden. Während der folgenden beiden Stunden rast der Schatten über den Südatlantik, ohne irgendwo auf eine größere Landmasse zu treffen (siehe Abbildung 9.2). Die Dauer der Verfinsterung entlang der Mittellinie der Schattenbahn und die Höhe der Sonne am Himmel nehmen stetig zu, während sich der Schatten auf seiner transatlantischen Bahn nordöstlich vorwärts bewegt.

Der Moment der größten Verfinsterung tritt um 12:03:41 UT

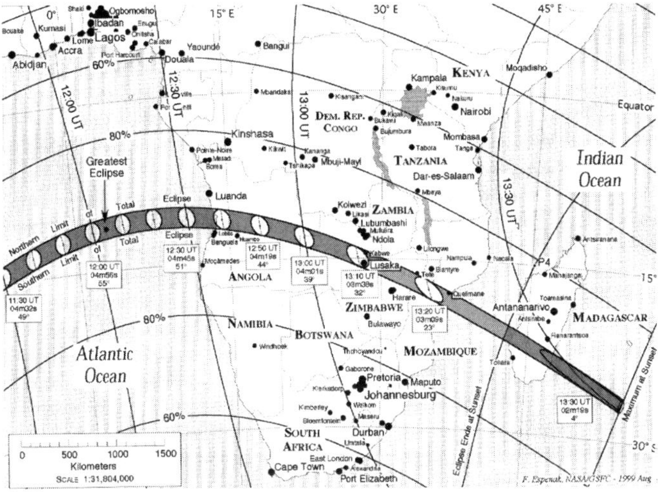

Abb. 9.3 Verlauf der Sonnenfinsternis vom 21. Juni 2001 über dem südlichen Afrika und Madagaskar

ein, wenn die Achse des Mondschattens die größte Nähe zum Erdmittelpunkt hat. Zu diesem Zeitpunkt erreicht die Dauer der Totalität mit 4 Minuten und 56 Sekunden ihr Maximum, die Sonne steht 55 Grad über dem Horizont, die Schattenbahn ist jetzt 200 Kilometer breit und der Schatten bewegt sich mit einer Geschwindigkeit von 0,554 Kilometer in der Sekunde. Unglücklicherweise kommt es zu dieser für eine Beobachtung besonders günstigen Konstellation rund 1100 Kilometer westlich der Atlantikküste von Äquatorialafrika über dem offenen Meer.

In der vergrößerten Ansicht des südlichen Afrika in Abbildung 9.3 ist der Ort dieser größten Verfinsterung klar erkennbar. Gleichzeitig ergibt sich ein interessantes Phänomen: Obwohl die Länge des Mondschattens hier am kleinsten ist, währt die Verfinsterung am längsten. Diese überraschende, aber gleichwohl zutreffende Tatsache lässt sich dadurch erklären, dass die Erdrotation, die in derselben Richtung wie der Schatten verläuft, die Geschwindigkeit des Schattens teilweise kompensiert, was für den Beobachter auf der Erde zu einer optimalen Verlangsamung des Schattendurchgangs führt. Zum Zeitpunkt und am Ort der größten Verfinsterung erreichen die Erdrotation und damit auch die Verlangsamung des Mondschattens ihr jeweiliges Maximum.

Nach der größten Verfinsterung wird eine weitere halbe Stunde vergehen, bis der Schatten die Atlantikküste des südlichen Afrika erreicht. Während dieser Zeitspanne verringern sich Dauer und Bahnbreite des Kernschattens langsam wieder, weil die Erdkrümmung die auf die Erde projizierte Schattenbahn jetzt immer weiter vom Mond entfernt. Vergleicht man den im Atlantik gelegenen Punkt der größten Verfinsterung mit der Situation im ostafrikanischen Mosambik, dann sieht man, um wie vieles länger sich inzwischen der Schatten über die Erde legt. Die Dauer der Verfinsterung ist freilich geringer, weil infolge des größeren Winkels, in dem der Mondschatten über die Erde streicht, die Verlangsamungsgeschwindigkeit durch die Erdrotation inzwischen erheblich abgenommen hat.

Wenn der Mondschatten um 12:36 UT, also zwei Stunden nach der ersten Berührung mit unserem Globus, die angolanische Atlantikküste überschreitet, beträgt die Dauer der Verfinsterung auf der Zentrallinie 4 Minuten und 36 Sekunden; der Kernschatten ist 193 Kilometer breit, und die Sonne steht 49 Grad hoch. Mit einer Geschwindigkeit von mittlerweile 0,63 Kilometern in der Sekunde bewegt sich der Schatten über das vom Bürgerkrieg verwüstete Land hinweg rasch nach Osten. Obwohl die Wetteraussichten für Angola hervorragend sind, macht der Bürgerkrieg das Land für Sonnenfinsternis-Beobachter zu einem gefährlichen Ort. Um 12:57 UT erreicht der Schatten die Westgrenze Sambias, wo die Totalität im Maximum 4 Minuten und 6 Sekunden andauert. Die kleinen Kästen in Abbildung 9.3 geben die Dauer der Totalität und die Höhe der Sonne im Abstand von jeweils 10 Minuten an, während der Mondschatten Angola, Sambia und Mosambik überquert. Man beachte, wie rasch diese Zahlen mit wachsendem Abstand vom Punkt der größten Sonnenfinsternis abnehmen.

LUSAKA, DIE EKLIPSENSTADT DES JAHRES 2001

Auf seinem Weg in Richtung Ostsüdost überquert der Kernschatten Lusaka, die Hauptstadt Sambias. Lusaka liegt nur etwa 35 Kilometer südlich der Schattenmitte, und somit wird die totale Sonnenfinsternis dort ansehnliche 3 Minuten und 14 Sekunden dauern. In der Ausschnittsvergrößerung der Schattenbahn in Abbildung 9.4 zeigt sich, dass der Mondschatten dabei das gesamte Stadtgebiet bedecken wird. Mit solch attraktiven Parametern und seinen ausgezeichneten Wetteraussichten wird Lusaka mit Sicherheit für Eklipsen-

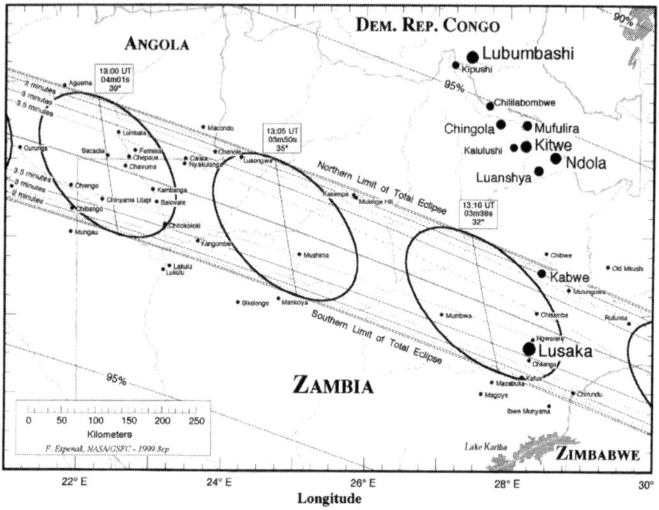

Abb. 9.4 Die zunehmende Eklipsenform des Mondschattens während der Sonnenfinsternis vom 21. Juni 2001

beobachter aus aller Welt die erste Wahl sein. Wahrscheinlich werden sie etwa 50 Kilometer nördlich der Innenstadt Position beziehen, weil sie so weitere 20 Sekunden totaler Verfinsterung hinzugewinnen und überdies klarere Sicht haben werden. Viele Berufs- und Amateurastronomen haben sich bereits für Lusaka als Ausgangspunkt für eigens arrangierte Touren entschieden, die die ungewöhnlichen Reiseziele der Region (Safaris, Viktoriafälle usw.) mit dem spektakulären Erlebnis einer totalen Sonnenfinsternis verbinden.

Über den Fluss Sambesi hinweg setzt sich die Bahn des Kernschattens nach Simbabwe und Mosambik fort. Seine Mittellinie verläuft dabei über mehrere hundert Kilometer unweit der Grenze zwischen diesen beiden Ländern. Simbabwes

Hauptstadt Harare liegt genau 100 Kilometer südlich des Kernschattens, so dass ihre Bewohner eine partielle Sonnenfinsternis der Magnitude 0,976 erleben werden. Wenn der Kernschatten Sambia verlässt, rast er eine Minute lang ausschließlich über Mosambik hinweg, bevor er gegen 13:20 UT den Indischen Ozean berührt. Inzwischen steht die Sonne nur mehr 23 Grad über dem Horizont, und die totale Sonnenfinsternis dauert auf der Mittellinie des Schattens noch 3 Minuten und 9 Sekunden. Die Geschwindigkeit, mit der der Mondschatten den afrikanischen Kontinent verlässt und über den Indischen Ozean dahinrast, ist auf 1,7 Kilometer in der Sekunde angewachsen.

Ein einziges Mal noch wird der Mondschatten an diesem Tag für kurze Zeit Land berühren: den Süden der Insel Madagaskar, wie man in Abbildung 9.3 sehen kann. Hier kommt es erst ziemlich spät am Tage zur Verfinsterung der Sonne, die jetzt nur noch 11 Grad über dem westlichen Horizont steht. In der Mitte der Schattenbahn dauert die Totalität jetzt, um 13:30 UT, noch 2 Minuten und 19 Sekunden; sie erstreckt sich über die gesamte westöstliche Ausdehnung der Insel, um nur eine Minute später die Erdkugel zu verlassen und im Weltraum zu entschwinden. Im Verlauf von 2 Stunden und 54 Minuten wird der Mondschatten an diesem Tag eine Bahn von rund 12 000 Kilometern Länge mit einer Durchschnittsgeschwindigkeit von über 4000 Stundenkilometern zurücklegen!

In Abbildung 9.2 lassen sich die Zonen der partiellen und der totalen Finsternis einerseits und der Tageslichtgrenze im Moment der größten Eklipse (12:03:41 UT) andererseits unterscheiden. Der Punkt der geringsten Entfernung zwischen Mond und Erde liegt am Ort der größten Verfinsterung und ist mit einem Sternchen markiert. Auch der Ort der geringsten Entfernung zwischen Sonne und Erde, an dem die Sonne im Zenit steht, ist auf der Abbildung angezeigt; er liegt im Süden Algeriens. Wie sich aus der Grenze der Halbschattenlinien ablesen lässt, wird man dort nicht einmal eine partielle Sonnenfinsternis beobachten können. Im äußersten Süden Algeriens wird aufmerksamen Beobachtern jedoch auffallen, dass der Mond ein kleines Stückchen aus der Sonnenscheibe herausschneidet.

Die Grenzen der Halbschattenzone des Mondes definieren die Regionen, innerhalb derer rund um den Globus eine partielle Sonnenfinsternis zu sehen ist. Dieser Bereich bedeckt mehr als die Hälfte der Tageslichtzone der Erde. Bemerkenswerterweise kommt es zu Beginn dieser »Sonnwendsonnenfinsternis« selbst noch in den östlichen Regionen Südamerikas zu einer partiellen Sonnenfinsternis.

DIE SAROS-GESCHICHTE DER SONNWENDSONNENFINSTERNIS

Das periodische Wiederauftreten von Sonnen- und Mondfinsternissen folgt, wie in Kapitel 3 ausgeführt, dem Saros-Zyklus, einer Periode von ungefähr 6585,3 Tagen (18 Jahren, 11 Tagen und 8 Stunden). Wenn zwei Verfinsterungen durch einen Saros-Zyklus getrennt sind, weisen sie eine sehr ähnliche Geometrie auf. Die Finsternisse ereignen sich am selben Mondknoten bei nahezu derselben Entfernung von der Erde und zur selben Jahreszeit. Deshalb lassen sich mit Hilfe des Saros-Zyklus einzelne Verfinsterungen in Familien oder Serien einordnen. Jede Serie dauert zwölf bis dreizehn Jahrhunderte und umfasst siebzig oder mehr Finsternisse. In diesem Buch hat die Saros-Serie 136 eine besondere Rolle gespielt, weil zu ihr sowohl Einsteins berühmte Sonnenfinsternis vom 29. Mai 1919 gehörte wie auch die Sonnenfinsternis von Baja Mexico vom 11. Juli 1999, die der Autor im Prolog beschrieben hat.

Die totale Sonnenfinsternis vom 21. Juni 2001 ist die 57. der Saros-Serie 127, bei der alle Finsternisse am aufsteigenden Mondknoten entstehen und sich der Mond bei jeder Sonnenfinsternis in dieser Serie weiter nach Süden bewegt. Diese inzwischen fortgeschrittene Serie begann am 10. Oktober des Jahres 991 mit einer kleinen partiellen Sonnenfinsternis hoch oben in der nördlichen Hemisphäre. Nach zwanzig partiellen Sonnenfinsternissen ereignete sich am 14. Mai 1352 erstmals eine 2 Minuten währende totale Verfinsterung, deren Schatten über Grönland hinwegzog. Seither kam es in dieser Serie zu immer weiteren totalen Sonnenfinsternissen von zunehmender Dauer, die sich jedes Mal weiter nach Süden verschoben. Die fünfte totale Sonnenfinsternis in dieser Serie ist deshalb bemerkenswert, weil sie am 16. Juni 1406 über Nordeuropa zog. In einem Bericht aus dieser Zeit ist von der Panik in der Bevölkerung die Rede: »Es war so dunkel, dass … die Menschen einander nicht erkennen konnten … (Sie) dachten, das Ende der Welt sei gekommen.«

Die Dauer der in der Serie 127 folgenden Sonnenfinsternisse nahm weiter zu, bis am 30. August 1532 mit 5 Minuten und 40 Sekunden ein Maximum erreicht war. Auf Grund der Geometrie der Schattenbahn über der Erdoberfläche verringerte sich die Dauer der weiteren Finsternisse, blieb aber über 4 Minuten. Während des 18. und 19. Jahrhunderts kehrte sich die Wanderung der Schattenbahnen nach Süden um und verlief nun in nördlicher Richtung. In dieser Zeit dauerten die Finsternisse erneut jeweils 5 Minuten und überschritten diese Grenze am 9. Mai 1929, als der Kernschatten Malaysia und die Philippinen überquerte. 18 Jahre und 11 Tage später, am 20. Mai 1947, erstreckte sich die Schattenbahn von Südamerika bis nach Äquatorialafrika. Die 25. totale Sonnenfinsternis von Saros 127 zog am 30. Mai 1965 über den Südpazifik hinweg, und die jüngste dieser Serie ereignete sich am 11. Juni 1983, als die Indonesier eine totale Sonnenfinsternis von 5 Minuten und 11 Sekunden Dauer miterleben konnten.

Die nach dem Jahr 2001 nächste Sonnenfinsternis dieser Serie wird am 2. Juli 2019 den Pazifik und Südamerika überqueren. Die Phase totaler Sonnenfinsternisse in der Saros-Serie 127 gelangt am 15. August 2091 an ihr Ende; an diesem Tag fällt der Kernschatten des Mondes nur auf den Ozean zwischen Australien und der Antarktis. Danach verfehlt der Kernschatten bei einer großen partiellen Sonnenfinsternis am 26. August 2109 die Erde, und die Magnituden aller weiteren Sonnenfinsternisse der Serie nehmen in den folgenden drei Jahrhunderten stetig ab. Die Saros-Serie 127 endet schließlich mit einer kurzen partiellen Sonnenfinsternis am 21. März 2452.

Saros 127 umfasst insgesamt 82 Sonnenfinsternisse: zwanzig partielle Sonnenfinsternisse zu Beginn, dann 42 totale und schließlich weitere zwanzig partielle Sonnenfinsternisse. Die Gesamtdauer der Serie beläuft sich auf 1460,44 Jahre.

DIE WETTERAUSSICHTEN FÜR DIE SONNWENDFINSTERNIS

Wenn es am 21. Juni 2001 zur totalen Verfinsterung der Sonne kommt, befindet sich der Süden Afrikas mitten im trockenen Winter, und es herrscht vorwiegend sonniges Wetter. Die Region ist zu dieser Zeit die zweitsonnigste auf der ganzen Erde. Sonnenfinsternis-Fans, die zu den im Folgenden beschriebenen günstigsten Orten innerhalb der Kernschattenzone reisen, haben somit beste Aussichten für eine erfolgreiche Beobachtungsexpedition.

Viele, die sonst nur die Hauptrouten des internationalen Flugliniennetzes benutzen, sind mit der Geographie Nordamerikas und Europas vertraut. Das Terrain, die Wetterverhältnisse und die Logistik im südlichen Afrika sind ihnen dagegen weitgehend unbekannt. Das Innere des afrikanischen Südens ist eine riesige, etwa 1000 Meter hohe Hochebene mit einem kühlen und angenehmen Winterklima. Um sie herum liegen Hügelland und Gebirge, die unvermittelt in einem Küstenstreifen enden, der sich auf der einen Seite an den Atlantik, auf der anderen an den Indischen Ozean anschmiegt. Auf der Atlantikseite des afrikanischen Kontinents trifft der kühle Benguelastrom mit Temperaturen von 13 Grad auf die angolanische Küste und vermindert sowohl die Hitze wie die Bewölkung. Östlich von Afrika stößt der breite Äquatorialstrom des Südindischen Ozeans in der Nähe der Grenze zwischen Tansania und Mosambik auf die afrikanische Küste. Diese 20 Grad warme Strömung dreht dann nach Süden ab und passiert den Mosambik-Kanal westlich von Madagaskar.

In Simbabwe nennt man die Gebirgsbarriere, die das breite Tiefland an der Küste Mosambiks vom Hochland trennt, die Eastern Highlands. Mit ihrer Höhe von über 2000 Metern halten diese Highlands feuchte Passatwinde vom Indischen Ozean und Mosambik-Kanal her ab. Weiter nördlich, zwischen Malawi und Mosambik, geschieht dasselbe durch die Mlanje Mountains.

An zwei Stellen ist diese Gebirgsbarriere jedoch durchbrochen. Im Süden, zwischen Simbabwe und Südafrika, bietet das Tal des Limpopo Wettersystemen einen leichten Zugang nach Botswana und schließlich in den Süden Sambias in die Nähe von Victoria. Weiter nördlich eröffnet ihnen der Sambesi entlang der Grenze zwischen Mosambik und Simbabwe einen Weg ins Innere, so dass gelegentlich sogar über dem weit im Inland gelegenen Lusaka in Sambia bewölkter Himmel herrscht. Dieser zweite klimatische Zugang zum afrikanischen Kontinent ist für Sonnenfinsternis-Beobachter besonders bedeutsam, da die Bahn des Kernschattens mehr oder weniger längs des Sambesi durch Sambia und Mosambik verläuft.

Madagaskar weist ein stärker profiliertes Terrain auf. Über die gesamte Länge der Insel erstreckt sich ein hoher Gebirgsriegel, der mancherorts 2500 Meter übersteigt. An seiner steil aufragenden Ostseite wird der vorherrschende Ostpassat zum Aufsteigen gezwungen und regnet dabei einen Großteil seiner Feuchtigkeit über den Gebirgsflanken ab. Jenseits dieser Scheidelinie trocknet die abfallende Strömung rasch ab und sorgt im Südwesten der Insel – dort, wo die Schattenbahn auf das Land fällt – für semiaride Verhältnisse. Dank dieses Effekts kommt die Insel für die Beobachtung der Sonnenfinsternis in Betracht, auch wenn die Sonne dort tief über dem Horizont stehen und die Beobachtungsdauer kurz sein wird.

Obwohl ein Großteil der Region, auf die der Kernschatten fällt, eine Jahresniederschlagsmenge von über 1000 Millimeter aufweist, unterscheidet man dort zwischen der Regenzeit im Sommer und der Trockenzeit im Winter. Die Trockenzeit beginnt im Mai und ist zur Zeit der Sonnenfinsternis voll im Gange. Im Juni beträgt die Niederschlagsmenge an vielen Orten nur wenige Millimeter und in weiten Teilen Sambias und Angolas weniger als einen Millimeter. Wenn die Trockenzeit kommt, dann mit Macht.

WETTERÜBERLEGUNGEN FÜR DIE SONNWENDFINSTERNIS

Im Folgenden fasse ich die Aussichten für die Beobachtung der »Sonnwendsonnenfinsternis« im südlichen Afrika zusammen, wobei auch logistische und politische Faktoren einbezogen werden.

ANGOLA

In Angola steigt eine schmale Küstenebene rasch zu einem breiten, über 1000 Meter hohen Plateau hin an. In beiden Regionen (Ebene und Hochland) herrschen unterschiedliche Temperaturverhältnisse, aber beide sind im Juni – und somit für die Sonnenfinsternis – mit einem klaren Himmel gesegnet. Während des Winters erreichen nur wenige Luftströme vom Atlantik die angolanische Hochebene; der Himmel ist in der Regel wolkenlos, und es fällt kaum oder überhaupt kein Niederschlag. Infolge des jahrzehntelangen Bürgerkrieges gibt es zwar nur spärliche Klimastatistiken, aber nach den Ergebnissen von Satellitenmessungen sind auf dem Plateau die besten Wetterbedingungen entlang der Schattenbahn zu erwarten. Die einzigen stationären Beobachtungsdaten über Sonnenscheinzeiten in der Nähe der Schattenbahn stammen aus Huambo, das knapp außerhalb der Totalitätszone auf der Westseite des Plateaus liegt. Satellitenmessungen der Bewölkung zeigen, dass sich das Innere Angolas aus meteorologischer Sicht sehr gut als Beobachtungsort eignet. Auf Satellitenbildern vom Juni und Anfang Juli 1998 sind nur vereinzelte Nebel- oder Wolkenfelder zu erkennen, die vom Benguelastrom auf das flache Küstengebiet getrieben werden. Dieselben Bilder zeigten über einen Zeitraum von 35 Tagen praktisch keinerlei Wolken über dem Inland. Allerdings ergibt sich aus diesen Satellitenbeobachtungen, dass die Kernschattenbahn durch Angola durch eine Region verläuft, die in dieser Jahreszeit von etlichen Buschfeuern heimgesucht wird. Wahrscheinlich hängt deshalb ein Rauchschleier über dieser Gegend, was dazu führen könnte, dass man die äußeren Teile der Korona schlechter sehen und fotografieren kann. Selbstverständlich muss man sich um naturgegebene Risiken genauso kümmern wie um das Wetter, aber was Angola anbetrifft, ist das Ganze eher eine akademische Frage, denn der Bürgerkrieg, der trotz eines von der UNO vermittelten Waffenstillstandes andauert, macht eine Reise ins Landesinnere zu einem riskanten Vorhaben.

Bei den Chavuma Falls kommt der Kernschatten nach Sambia, geht im Norden an der Stadt Zambesi vorbei, dann in ostsüdöstlicher Richtung über den Kafue National Park hinweg; seine Mittellinie zieht knapp 40 Kilometer nördlich der Hauptstadt Lusaka vorbei, die aber dennoch – als einzige große Stadt – innerhalb der Totalitätszone liegt. Östlich von Lusaka stößt der Kernschatten erneut auf den Fluss Sambesi und zieht dann knapp nördlich des Kariba-Sees nach Simbabwe weiter.

In Sambia gelangt man vergleichsweise leicht auf die Mittellinie der Schattenbahn. Die Fernstraße von Lusaka westlich nach Mongu (M9) verläuft über mehr als 300 Kilometer innerhalb des Kernschattens, allerdings ein ganzes Stück südlich seiner Mittellinie. Von dieser Straße heißt es in einem Reiseführer, sie befinde sich in »langwieriger Reparatur«, weshalb man sich im Vorfeld der Sonnenfinsternis nach ihrem Zustand erkundigen sollte. Da es sich dabei jedoch um die Hauptzugangsstraße zum Kafue National Park und zur Westhälfte des Landes handelt, werden die für Tourismus Zuständigen vermutlich dafür sorgen, dass sich die Straße im Sommer 2001 in gutem Zustand befindet. Zwei weitere Fernstraßen gehen von Lusaka aus nach Norden, wo sie die Mittellinie des Kernschattens kreuzen werden. Landless Corner, 69 Kilometer nördlich von Lusaka, liegt knapp jenseits der Mitte des Kernschattens auf der Great North Road. In nordöstlicher Richtung überquert die Great East Road nach Chipata, eine der besten Straßen im Lande, die Mittellinie des Kernschattens etwa 60 Kilometer von Lusaka entfernt.

Für Romantiker, die die Sonnenfinsternis gern inmitten einer natürlichen Tier- und Pflanzenwelt erleben wollen, hält Sambia eine Reihe von Safari-Angeboten bereit, besonders im Kafue National Park im Nordwesten des Landes. Dieser Park ist einer der größten in Afrika, sumpfig in der Regenzeit, bietet aber mit die besten Wetterverhältnisse entlang der Kernschattenbahn im Juni. Die Zufahrt zum Kafue Park ist vom 278 Kilometer östlich gelegenen Lusaka aus leicht zu erreichen; allerdings verläuft die Mittellinie des Schattens weitere 100 Kilometer nördlich davon, und die Fahrt dorthin erfolgt über nicht befestigte Straßen innerhalb des Parks. Trotz der Trockenzeit könnten Fahrzeuge mit Allradantrieb erforderlich sein, um auf dieser Route bis zur Schattenachse vorzudringen.

SIMBABWE

Wenn der Kernschatten den Sambesi überquert hat, verläuft er die nächsten 400 Kilometer sowohl über Simbabwe wie auch über Mosambik, bis er in der Nähe von Changara nur mehr auf mosambikanisches Territorium fällt. Die Südseite der Schattenbahn und der Großteil ihrer Mittellinie gehören zu Simbabwe, während ihre Nordhälfte den Westen von Mosambik überquert. In Simbabwe kreuzt der Schatten den Rand des Steilabbruchs am Sambesi, von wo aus man auf den

Lago de Cabora Bassa in Mosambik hinunterblickt. Die Oberkante des Steilabbruchs erreicht im Mavuradonha-Gebirge nördlich von Centenary mit über 1500 Metern eine beachtliche Höhe.
Simbabwe verfügt über eine hoch entwickelte Tourismus-Infrastruktur und über Unterkunftsmöglichkeiten für eine große Anzahl Besucher. Mount Darwin und Centenary, die beide innerhalb des Kernschattens liegen und eine gute Straßenverbindung nach Harare besitzen, dürften beliebte Ausgangspunkte für Fahrten zur Mittellinie der Sonnenfinsternis sein. Der Michelin-Karte zufolge führen von beiden Orten aus gute Straßen nach Norden, die bis auf wenige Kilometer an die Schattenachse heranführen.
Die vielleicht stärkste Einschränkung für Beobachtungsposten in Simbabwe ist der Mangel an befestigten Straßen, auf denen man zu sonnigeren Regionen gelangen könnte, falls am gewählten Beobachtungspunkt plötzlich Wolken aufziehen, zumal alle Straßen eher quer zu als längs der Schattenbahn verlaufen. Die bequemste Fernstraßenverbindung zur Sonnenfinsternis liegt auf der Route von Harare nach Tete (eine Entfernung von 238 Kilometern bis zur Mittellinie). Die Wetterverhältnisse im Norden Simbabwes ähneln in der Regel denen im östlichen Sambia.
Aus meteorologischer Sicht liegen die besten Beobachtungspositionen in Simbabwe deshalb im Westen des Landes in der Nähe der Grenze zu Sambia. Wie in Sambia sind auch in Simbabwe die Temperaturen bei niedriger Luftfeuchtigkeit angenehm.

MOSAMBIK

Unter den Regionen, von denen man die Sonnenfinsternis beobachten könnte, ist Mosambik die wolkenreichste. Dafür kommt man im Westteil des Landes vergleichsweise leicht an die Schattenbahn heran. Durch Mosambik verläuft ein Großteil der Schattenbahn entlang einer Fernstraße auf einer Route namens Tete-Korridor. Von Blantyre ausgehend, kreuzt diese Straße zunächst bei Tete eine eindrucksvolle Hängebrücke über den Sambesi und verläuft von dort in südlicher Richtung nach Changara, wo sie sich in einen südlichen und einen südwestlichen Zweig gabelt. Beide Straßen kreuzen nach weiteren 40 Kilometern die Mittellinie des Mondschattens. Die Fernstraße durch den Tete-Korridor ist viel befahren und in gutem Zustand, so dass man hier leicht in die Totalitätszone gelangt.

Der Juni liegt in Mosambik in der kühlen Jahreszeit, vor allem im Landesinneren, obwohl das Klima durch die östliche Luftströmung über das 20 Grad warme Wasser des Mosambik-Kanals hinweg gemäßigt wird. Die Regenzeit endet im Inland im April, kann sich aber in manchen Gebieten an der Küste bis in den Juni hinziehen, besonders über dem Sambesi-Delta, wo der Kernschatten den afrikanischen Kontinent verlässt.

Rund 430 Kilometer weiter östlich liegt das exotische Madagaskar auf der Bahn der Passatwinde des Indischen Ozeans, weshalb es auf den ersten Blick für eine Beobachtung der Sonnenfinsternis ungeeignet zu sein scheint. Sein gebirgiges Terrain hält jedoch die feuchten Ostwinde ab und schafft so an der Küste im Südwesten förmlich eine Nische klaren Himmels. Wenn Windströmungen mit hoher Luftfeuchtigkeit auf Grund des Geländes zum Aufsteigen gezwungen werden, kühlen sie ab und werden gesättigt. Wolken entstehen, und es kommt zu stetigen und weiträumigen Niederschlägen. Das Gegenstück zu dieser feuchten Aufwärtsströmung ist die abwärts gerichtete Luftströmung auf der anderen Seite der Berge. So wie die aufsteigende Strömung sich mit Wolken anreichert, wird die abfallende sonnig und trocken, was eine krasse Veränderung der Vegetation zur Folge hat: Statt der Regenwälder auf der Ostseite besitzt die westliche Seite der Insel eine semiaride Vegetation. Klimaaufzeichnungen und Satellitenbilder weisen diese Westküste Madagaskars deshalb als den nach Westsambia und Angola zweitbesten Standort für Sonnenfinsternis-Beobachter aus.

Auf der windwärts gelegenen Seite des Gebirgsrückens sind die Aussichten weniger gut. Die südlich des Kernschattens gelegenen Küstenstädte weisen im Juni eine durchschnittliche Niederschlagsmenge von über 100 Millimetern auf; verbreitet herrscht bewölkter Himmel, und für den Zeitpunkt der Sonnenfinsternis ist für über 15 Prozent der betroffenen

Orte Regen zu erwarten. Obwohl die hoch gelegenen Beobachtungsorte entlang der wichtigsten Fernstraße bei sonnigem Wetter sehr gute Sicht auf die Sonnenfinsternis bieten, besteht die große Gefahr, dass Bewölkung herrscht. Die Mittellinie der Schattenbahn kreuzt die Straße etwa auf halbem Wege zwischen Ranohira und Ihosy, und dort verläuft die Straße knapp westlich und auf der windabgewandten Seite der Gebirgsgipfel, so dass hier auf Grund des Terrains die Wolken aufreißen könnten, die oft die Ostseite bedecken. Ein verlässlicher Beobachtungsort ist das Ganze nicht, aber bei günstigen Wettervorhersagen und mit etwas Glück könnte die Sicht hier zu den besten gehören, die man entlang der gesamten Schattenbahn haben kann.

Zwischen diesem ungewöhnlichen Standort und dem sambesischen Lusaka lässt sich ein interessanter Vergleich anstellen. Satellitenaufnahmen aus dem Jahre 1998 zeigten in der Region nördlich von Toliary dichte Bewölkung an nur 4 von 37 Tagen, was den Aussichten in der Nähe von Lusaka gleichkommt. Der Südosten Madagaskars um Fort Dauphin, wo ozeanische Winde ungehindert in den Bereich der Kernschattenzone einströmen können, wies nur an 7 Tagen dichte Bewölkung auf, dafür häufig ein von der Meeresbrise ins Inland getriebenes Wolkenband. Wer in diesem Gebiet die Sonnenfinsternis beobachten will, wird deshalb die besten Positionen direkt an der Ozeanküste finden, weg von dieser vom Meereswind landeinwärts getriebenen Bewölkung.

Was die Wetteraussichten für die windzugewandte Seite Madagaskars angeht, sollte man vor zu viel Optimismus warnen. Für Fort Dauphin sinkt die Wahrscheinlichkeit sonnigen Wetters auf 66 Prozent, und für aufgelockerte oder dichtere Bewölkung beträgt sie fast 50 Prozent. Angesichts der niedrig stehenden Sonne – weniger als 10 Grad über dem Horizont – verringern sich die Chancen, die Sonnenfinsternis beobachten zu können, noch weiter. Da man innerhalb eines Tages an geeignetere Orte im Westen Madagaskars gelangen kann, dürfte der Südosten nur für wenige Reisende ein verlockendes Ziel darstellen.

DIE BESTEN BEOBACHTUNGSORTE

Die erste Sonnenfinsternis des neuen Jahrtausends verheißt mit einer Reihe ausgezeichneter Beobachtungsorte einen guten Auftakt für die nächsten tausend Jahre. Wegen des Bürgerkrieges in Angola werden die vorrangigen Beobachtungsorte in Westsambia liegen, wo man auch problemlos ins Zentrum der Totalitätszone gelangt. Ein weiterer Vorteil ist, dass man mit internationalen Flügen leicht nach Lusaka kommt. Der zweitbeste Ort ist der Südwesten Madagaskars, der durch die die Insel teilende Gebirgskette vor ungünstigen Wetterverhältnissen geschützt ist; der Zugang zur Mittellinie des Mondschattens ist hier allerdings schwieriger. Simbabwe, besonders der Westen des Landes, sowie der Osten Sambias versprechen gute Wolkenverhältnisse und verfügen über eine günstige Infrastruktur, während für Mosambik im Tiefland des Sambesi starke Bewölkung zu befürchten ist.

DER HIMMEL ÜBER WESTSAMBIA WÄHREND DER TOTALITÄT

Eine totale Sonnenfinsternis bietet eine wunderbare Gelegenheit, am Tage Planeten und helle Sterne zu sehen. Das ist nicht nur etwas ganz Ungewöhnliches, sondern gibt auch die Möglichkeit, die überraschende Helligkeit und Transparenz des übrigen Himmels während der Totalität zu ermessen. Da sowohl ein äußerer wie auch innere Planeten zu sehen sein werden, belegt das Geschehen zugleich die Gültigkeit des von Astronomen verwendeten geozentrischen Himmelsmodells.

Während der totalen Sonnenfinsternis im Jahre 2001 steht die Sonne im Sternbild der Zwillinge. Je nach der geographischen Position des Beobachters werden dabei mit bloßem Auge drei oder vier Planeten sowie einige helle Sterne zu sehen sein, da sie über dem Horizont und innerhalb des Kernschattens stehen werden. Abbildung 9.5 zeigt das Bild des Himmels, wie er sich um 13:00 UT von der Mittellinie des Schattens aus darstellt; das entspricht einem Beobachtungsort im Westen Sambias in der Nähe der angolanischen Grenze. (Von Lusaka aus, wo die Totalität zehn Minuten später eintritt, ergibt sich im Wesentlichen dasselbe Bild.)

Der Anblick der Planeten ist eine für Beobachter der Sonnwendsonnenfinsternis interessante Herausforderung. Der auffälligste unter den sichtbaren Planeten wird Jupiter auf 5 Grad westlich der Sonne sein. Obwohl der Merkur auf 8,6 Grad westlich der Sonne steht, wird man ihn wegen seiner schwachen Sichtbarkeit nur mit Mühe entdecken kön-

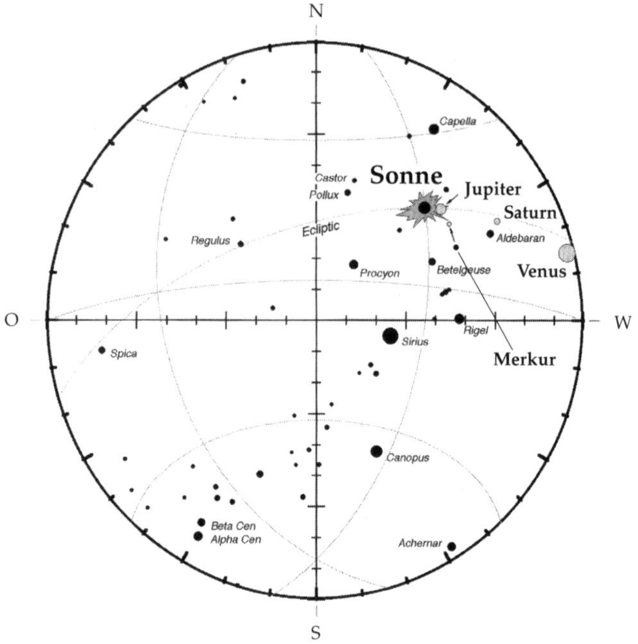

Abb. 9.5 Sternenhimmel, von Lusaka in Sambia aus gesehen, während der Sonnenfinsternis am 21. Juni 2001

nen. Da dieser Planet sich erst fünf Tage zuvor auf einer Linie zwischen Erde und Sonne befunden hat, ist seine von der Sonne beschienene Seite der Erde abgewandt. Saturn auf 22,6 Grad westlich der Sonne müsste ein leichteres Ziel sein. Die Venus ist der hellste von allen Planeten, aber da sie zu dieser Zeit nahezu ihre größte Elongation auf 45,3 Grad westlich der Sonne erreicht, wird sie für Beobachter in Angola und Westsambia sehr tief am Westhimmel stehen. Für weiter im Osten gelegene Standorte wird dieser Planet bereits am Horizont verschwunden sein, bevor die Totalität beginnt.

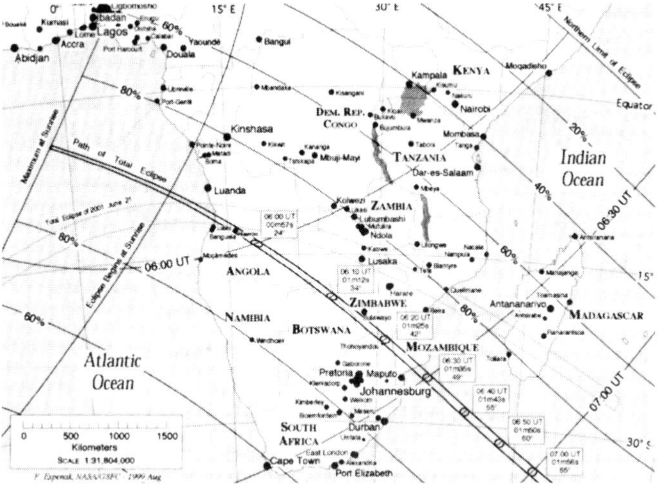

Abb. 9.6 Verlauf der totalen Sonnenfinsternis vom Dezember 2002

Mars steht am Tag der Sonnenfinsternis fast in Opposition, weshalb er sich für den gesamten Bereich des Kernschattens unterhalb des Horizonts befindet und überhaupt nicht zu sehen sein wird.

Auch einige der hellsten Wintersterne könnten während der Totalität zu sehen sein. Capella befindet sich 24 Grad nördlich der Sonne, und Castor und Pollux stehen 22 bzw. 24 Grad östlich davon. Procyon und Sirius stehen auf 16 bzw. 34 Grad im Südosten der Sonne, Betelgeuze und Rigel im Süden auf 16 bzw. 34 Grad, während Aldebaran 21 Grad westlich der Sonne zu finden ist. Um während der Totalität Sterne sehen zu können, bedarf es eines sehr dunklen und klaren Himmels. Abbildung 9.6 zeigt die Schattenbahn der totalen Sonnenfinsternis über Afrika am 4. Dezember 2002. Die Bewohner von Lusaka und Harare werden innerhalb von anderthalb

Jahren also eine zweite Möglichkeit erhalten, das spektakuläre Schauspiel einer totalen Sonnenfinsternis mitzuerleben.

Der Autor, sein Übersetzer, Lektor und Verleger wünschen den Beobachtern der Sonnwendsonnenfinsternis einen brillanten Diamantringeffekt, hell aufscheinende Bailysche Perlen und gewaltige Protuberanzen. Vor allem aber einen klaren, sonnigen Himmel am Donnerstag, dem 21. Juni 2001, während der ersten totalen Sonnenfinsternis des neuen Jahrtausends.

ANHANG SONNENFINSTERNIS-BEOBACHTUNG MIT AUGE UND KAMERA

Das Folgende fasst größtenteils einen Bericht von Dr. B. Ralph Chou von der School of Optometry an der University of Waterloo in Kanada zusammen, den dieser für die NASA Reference Publication zum 11. August 1999 verfasst hat.

Eine totale Sonnenfinsternis ist vermutlich das aufregendste astronomische Ereignis, das die meisten Menschen je erleben werden. Es besteht ein großes Interesse daran, der Verfinsterung der Sonne zuzusehen, und Tausende Astronomen, ob nun Amateure oder Profis, reisen rund um die Welt, um Sonnenfinsternisse zu beobachten und zu fotografieren.
Die Sonnenbeobachtung kann jedoch gefährlich sein, wenn man nicht die nötigen Vorsichtsmaßnahmen trifft. Die auf die Erde fallende Strahlung der Sonne reicht von ultravioletter Strahlung mit Wellenlängen von etwa 3000 Promille bis zu Radiostrahlung mit Wellenlängen im Meterbereich. Die im Auge befindlichen Gewebe leiten einen erheblichen Teil der zwischen 3800 und 14 000 Promille liegenden Strahlung auf die lichtempfindliche Netzhaut im Augenhintergrund.

Man weiß, dass die aus der Umwelt stammende UV-Strahlung zur beschleunigten Alterung der äußeren Schichten des Auges führen und Star auslösen kann, aber bei einem ungeschützten Blick auf die Sonne während einer Sonnenfinsternis besteht die Gefahr einer »Sonnenfinsternis-Erblindung« oder von Netzhautverbrennungen.

Wenn die Netzhaut einem intensiven sichtbaren Licht ausgesetzt wird, beschädigt dies ihre lichtempfindlichen Stäbchen und Zapfen. Der Lichteinfall löst eine Reihe komplizierter chemischer Reaktionen innerhalb der Zellen aus, der ihre Fähigkeit zur Reaktion auf visuelle Reize schädigt und sie schlimmstenfalls sogar zerstören kann. Die Folge ist ein zeitweiliger oder dauerhafter Sehkraftverlust, je nach dem Grad der Schädigung. Schaut jemand wiederholt oder längere Zeit ohne wirksamen Schutz in die Sonne, kann zu der photochemischen Schädigung auch noch ein Schaden durch die Erhitzung hinzukommen: Die hochgradige Strahlung im sichtbaren und nahe dem infraroten Licht verkocht durch ihre Hitzeentwicklung geradezu das betroffene Gewebe.

Die einzige Zeit, während der man mit bloßem Auge unbesorgt zur Sonne hinsehen darf, ist während einer totalen Sonnenfinsternis, wenn der Mond die Sonnenscheibe völlig verdeckt. Ohne entsprechende Ausrüstung und Techniken darf man nie eine partielle oder ringförmige Sonnenfinsternis noch die Phasen einer nur partiellen Abdeckung im Verlauf einer totalen Sonnenfinsternis betrachten. Selbst wenn 99 Prozent der Sonnenoberfläche, der so genannten Photosphäre, während partieller Phasen einer Sonnenfinsternis verdeckt sind,

ist die Strahlung der restlichen Sonnensichel immer noch intensiv genug, um Verbrennungen der Netzhaut zu verursachen, selbst wenn die Beleuchtungsverhältnisse dem Zwielicht vergleichbar sind. Das mag überraschen, ist aber eine Tatsache. Ohne geeignete Beobachtungsmethoden kann es zu permanenten Augenschädigungen und schweren Sehkraftverlusten kommen.
Beim Beobachten und Fotografieren von ringförmigen Sonnenfinsternissen und der nur partiell verfinsterten Sonne werden dieselben Techniken verwendet wie bei Sonnenbeobachtungen bei vollem Sonnenlicht. Die sicherste und billigste Methode ist die Projektion. Dabei wird durch eine winzige Öffnung ein Abbild der Sonne auf einer etwa einen Meter dahinter befindlichen Projektionsfläche erzeugt. Eine Vielzahl von Öffnungen in einem locker geflochtenen Strohhut und sogar zwischen verschränkten Fingern können dazu benutzt werden, ein Muster von solchen Sonnenbildern auf eine Projektionsfläche zu werfen. Der Hauptvorteil der Projektionsmethode ist, dass niemand dabei direkt zur Sonne blickt. Ihr Nachteil ist, dass die Projektionsfläche mindestens einen Meter hinter der Öffnung platziert werden muss, damit ein genügend großes Abbild der Sonne entsteht.
Nur mit speziell dafür angefertigten Filtern kann man die Sonne auch direkt beobachten. Bei den meisten dieser Filter ist eine dünne Schicht einer Chromlegierung oder Aluminium auf die Oberfläche aufgebracht, die das Auge vor der gefährlichen Strahlung schützt. Ein sicherer Filter sollte weniger als 0,003 Prozent dieser Strahlung durchlassen.

Befolgt man diese Vorsichtsmaßnahmen, dann kann man Sonnenfinsternisse gefahrlos fotografieren. Jede manuell zu bedienende Kamera kann benutzt werden, um dieses seltene Ereignis festzuhalten. Allerdings empfiehlt sich der Einsatz eines Objektivs mit langer Brennweite, damit ein möglichst großes Bild der Sonne entsteht. Ein übliches 50-mm-Objektiv bringt es nur auf die winzige Abbildungsgröße von 0,5 Millimeter, während ein 200-mm-Teleobjektiv die Abbildungsgröße von 1,9 Millimeter erbringt. Mit einem 500-mm-Objektiv bekommt man eine Abbildungsgröße von 4,6 Millimetern Durchmesser (siehe Abbildung).

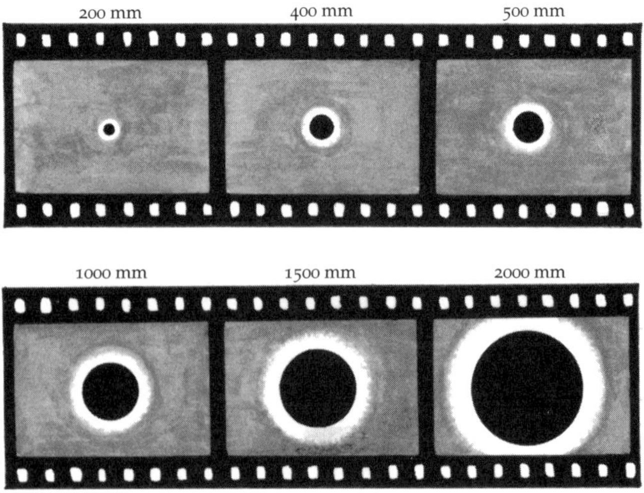

GLOSSAR

Absteigender Knoten Der Punkt auf der Umlaufbahn des Mondes, an dem dieser die Ekliptik von oben nach unten kreuzt.

Ångström Ein Hundertmillionstel eines Zentimeters. Hat das Symbol Å.

Anomalistischer Monat Die Dauer eines Mondumlaufs vom Apogäum zum Perigäum und zurück zum Apogäum.

Aphel Der sonnenfernste Punkt der Erde auf ihrer Umlaufbahn um die Sonne.

Apogäum Der Punkt auf der Umlaufbahn des Mondes, an dem dieser am weitesten von der Erde entfernt ist.

Aufsteigender Knoten Der Punkt auf der Umlaufbahn des Mondes, an dem dieser die Ekliptik von unten nach oben kreuzt.

Bailysche Perlen Die letzten, am Rand der Mondscheibe hervorbrechenden Lichtstrahlen vor Eintritt der Totalität. Ursache ist das zwischen den Mondbergen am äußersten Mondrand hindurchströmende Licht.

Breitengrad Winkelabstand auf der Erde nördlich oder südlich des Äquators.

Diamantringeffekt Die zuletzt übrig gebliebene Lichtperle der Bailyschen Perlen, die unmittelbar vor oder unmittelbar nach der totalen Phase einer Sonnenfinsternis aufscheint. Sie erweckt den Eindruck eines Diamantrings.

Drakonitischer Monat Die Dauer eines Umlaufzyklus des Mondes von einem zu wieder demselben Knoten, an welchem die Mondbahn die Ekliptik kreuzt.

Dritter Kontakt Das Ende der totalen Phase einer Sonnenfinsternis. Der hintere Rand des Mondes gibt erstmals wieder ein Stück der Sonne frei.

Ekliptik Die Bahn der Sonne am Himmel aus der Sicht der Erde.

Elliptische Bahn Die ovalförmige, mathematisch genau bestimmte Bahn eines Himmelskörpers um einen anderen.

Ephemeriden Tabellen der Sonnen- und Mondpositionen zu unterschiedlichen Zeiten.

Ephemeris Eine Tabelle, die die wechselnde Position irgendeines Himmelskörpers auf seiner Umlaufbahn angibt.

Erster Kontakt Der Beginn einer Sonnenfinsternis, wenn der Rand des Mondes erstmals die Sonnenscheibe berührt.

Finsternissaison Der Zeitraum – alle 173 Tage –, in dem die Sonne sich fast in einer Richtung mit einem Mondknoten befindet; um diese Zeit kann es zu Sonnen- oder Mondfinsternissen kommen.

Finsternisjahr Die Zeitspanne zwischen zwei Durchgängen der Sonne durch denselben Mondknoten, etwa alle 346,62 Tage.

Geozentrisch Bezeichnet ein Modell des Sonnensystems mit der Erde im Zentrum, bei dem die Himmelskörper als um die Erde rotierende gedacht werden.

Halbschatten Der Teil des Schattens, innerhalb dessen die Lichtquelle nur teilweise abgedeckt ist. Im Kontext dieses Buches ist damit der äußere Teil des Mondschattens gemeint.

Heliozentrisch Bezeichnet ein Modell, bei dem die Erde und andere Himmelskörper sich um die Sonne drehen.

Himmelskugel Ein Modell des Himmels mit der Erde im Zentrum, bei dem die Bewegungen der Sterne, Planeten, der Sonne und des Mondes auf eine große imaginäre Kugel projiziert werden.

Keilschrift Die im dritten und zweiten Jahrtausend v. Chr. in Mesopotamien auf Tontafeln geschriebene Schrift.

Kernschatten Jener Teil des Schattens, in dem die Lichtquelle dem Beobachter vollständig verborgen ist. Im Kontext dieses Buches ist damit der Mondschatten gemeint.

Knoten Punkt am Himmel, an dem die Umlaufbahn des Mondes die Ekliptik, die Umlaufbahn der Sonne, kreuzt.

Korona Die heiße äußere Atmosphäre der Sonne, die während einer totalen Sonnenfinsternis als Lichthof in Erscheinung tritt.

Längengrad Winkelabstand auf der Erde westlich oder östlich des Nullmeridians von Greenwich.

Mondfinsternis Ereignet sich dann, wenn der Erdschatten auf den Vollmond fällt.

Partielle Sonnenfinsternis Eine Finsternis, bei der für den Beobachter nur ein Teil der Sonne von der Mondscheibe verdeckt wird.

Perigäum Der Punkt der Mondbahn, der der Erde am nächsten liegt.

Perihel Der Punkt der Erdbahn, der der Sonne am nächsten liegt.

Protuberanz Eine gewaltige Gasformation über der Sonnenoberfläche, die während einer totalen Sonnenfinsternis beobachtet werden kann.

Ringförmige Sonnenfinsternis Eine Sonnenfinsternis, bei der der Mond die Sonne nicht vollständig abdeckt. Um die schwarze Scheibe des Mondes herum bleibt ein Ring des Sonnenlichts sichtbar.

Saros Ein Zyklus von Finsternissen mit einer Periode von 223 synodischen Monaten oder 6538,32 Tagen. Nach dieser Zeit kehren Sonne, Mond und Erde in nahezu exakt die gleichen relativen Positionen zurück.

Sonnenfinsternis Der Durchgang des Neumonds zwischen Sonne und Erde, wobei der Mondschatten auf die Erde fällt.

Spektroskop Ein optisches Instrument, welches Licht in seine individuellen Wellenlängen aufspaltet, die dann gemessen werden können.

Synodischer Monat Der Zeitraum von einem Vollmond bis zum nächsten.

Tierkreis Ein in zwölf Teile von jeweils 30 Grad unterteiltes Band an der Himmelskugel beidseits der Ekliptik. Jeder Teil enthält eine spezifische Konstellation, die dazu dient, die Himmelskörper zu identifizieren, die sich entlang der Ekliptik bewegen.

Totalität Der Zeitraum während einer Sonnenfinsternis, in dem die Sonne vollständig vom Mond verdeckt wird.

Vierter Kontakt Der Moment am Ende der Sonnenfinsternis, wenn sich die Mondscheibe wieder ganz von der Sonnenscheibe ablöst.

Zentrale Sonnenfinsternis Eine totale oder ringförmige Sonnenfinsternis.

Zweiter Kontakt Der Beginn der totalen Phase einer Sonnenfinsternis, wenn der vordere Mondrand erstmals die Sonne vollständig verdeckt.

LITERATURVERZEICHNIS

Bell, Steve, *The RGO Guide to the 1999 Total Eclipse of the Sun*, Cambridge 1997.

Black, J. A. und Green, A., *Gods, Demons and Symbols of Ancient Mesopotamia*, London 1992.

Brewer, Bryan, *Eclipse*, Seattle 1991.

Clark, Ronald W., *Einstein: The Life and Times*, London 1979.

Collon, D., *Ancient Near Eastern Art*, London 1995.

Comte, Auguste, *Cours de philosophie positive*, Paris 1833.

Covington, M., *Astrophotography for the Amateur*, Cambridge 1988.

Einstein, A., »Grundlage der allgemeinen Relativitätstheorie«, in: *Annalen der Physik*, 49 (1916), S. 769–822.

Einstein, A., *Über die spezielle und allgemeine Relativitätstheorie, gemeinverständlich*, Braunschweig 1917 und später.

Espenak, Fred, *Fifty Year Canon of Solar Eclipses*. NASA Reference Publication 1178, rev., Cambridge/Mass. 1994.

Espenak, F. und Anderson, J., *Total Solar Eclipse of 1999 August 11*. NASA Reference Publication 1398, NASA, März 1997.

Fiala, A. D., De Young, J. A. und Lukac, M. R., *Solar Eclipses, 1991–2000*. USNO Circular Nr. 170, US Naval Observatory, Washington, D. C., 1986.

Fölsing, Albrecht, *Albert Einstein. Eine Biographie*, Frankfurt am Main 1993.

Gingerich, Owen, *The Great Copernicus Chase and Other Adventures in Astronomical History*, Cambridge/Mass. 1992.

Golub, Leon und Pasachoff, Jay M., *The Solar Corona*, Cambridge 1997.

Hallo, W. W. und Simpson, W. K., *The Ancient Near East*, New York 1971.

Hawkins, Gerald S., *Stonehenge Decoded*, New York 1965.

Hoskin, Michael (Hrsg.), *The Cambridge Illustrated History of Astronomy*, Cambridge 1997.

Hoyle, Fred, *From Stonehenge to Modern Astronomy*, Cambridge 1971.

Hoyle, Fred, *On Stonehenge*, San Francisco 1977.

Kepler, Johannes, *Neue Astronomie*, München 1990.

Kippenhahn, Rudolf, *Schwarze Sonne, roter Mond: die Jahrhundertfinsternis*, Stuttgart 1999.

Kudlek, Manfred und Mickler, Erich H., *Solar and Lunar Eclipses of the Ancient Near East*, Kevelear, Hamburg 1971.

Littmann, M. und Willcox, K., *Totality. Eclipses of the Sun*, Honolulu 1991.

Lowenthal, James, *The Hidden Sun: Solar Eclipses and Astrophotography*, New York 1984.

Meeus, J., Grosjean, C. C. und Vanderleen, W., *Canon of Solar Eclipses*, Oxford 1966.

Melville, Pauline, *The Ventriloquist's Tale*, London 1997.

Menzel, Donald H. und Pasachoff, Jay M., *A Field Guide to the Stars and Planets*, 2. Aufl., Boston 1990.

Müller, Rolf, *Der Himmel über dem Menschen der Steinzeit. Astronomie und Mathematik in den Bauten der Megalithkulturen*, Berlin und Heidelberg 1970.

Neugebauer, Otto, *The Exact Sciences in Antiquity*, Princeton 1952.

Neugebauer, Otto, *History of Ancient Mathematical Astronomy*, New York 1975.

Newton, Isaac, *Philosophia Naturalis Principia Mathematica*, hrsg. v. Florian Cajori, Berkeley 1924.

North, John, *Stonehenge: Neolithic Man and the Cosmos*, London 1996.

Oates, Joan, *Babylon*, London 1986.

Oppolzer, Theodor R. von, *Canon of Eclipses*, New York 1962.

Panchenko, Dmitri, »Thale's Prediction of a Solar Eclipse«, in: *Journal of the History of Astronomy* 25 (1994).

Pasachoff, J. M. und Covington, M., *The Cambridge Eclipse Photography Guide*, Cambridge 1993.

Pasachoff, J. M. und Menzel, D. H., *Field Guide to the Stars and Planets*, 3. Aufl., Boston 1992.

Saggs, H. W. E., *The Babylonians: Peoples of the Past*, London 1995.

Stephenson, F. R., *Historical Eclipses and Earth's Rotation*, Cambridge 1997.

Walker, C. B. F., *Cuneiform: Reading the Past*, London 1987.

Zirker, J. B., *Total Eclipses of the Sun*, Princeton 1995.

DANKSAGUNG

Mit Freude ergreife ich die Gelegenheit, mich bei dem Team zu bedanken, das mir beim Schreiben dieses Buches geholfen hat.

Zunächst einmal herzlichen Dank an meinen entschlossenen und wählerischen Lektor Leo Hollis. Beim Korrigieren, Verändern, Verbessern und, was das Wichtigste war, beim Klarstellen meines Textes war er unermüdlich. Christopher Potter hat das Projekt angestoßen und die Schlussredaktion besorgt.

Nur selten dürfte es einem Autor passieren, dass er einen solch informierten und geduldigen Text-Lektor hat wie ich in John Woodruff. Wenn es kritisch wurde, behielten er und der Designer Robert Updegraff ihre unerschütterliche Ruhe. Kathy Black spielte eine entscheidende Rolle, weil sie einen Großteil des Manuskripts in den Computer getippt hat. Sie weiß genau, was Redaktionsschluss bedeutet.

Auch Marc McEvoy gehörte zum Team. Seine Fähigkeit, mit Bildern umzugehen, sei es mit der Kamera, mit Feder und Tinte oder mit dem Computer, bedeutete, dass ich beim Schreiben in der mir angenehmsten Weise vorgehen und von vielen Abbildungen Gebrauch machen konnte. Ohne sein Mitwirken sähe das Buch ganz anders aus. Zu guter Letzt danke ich meiner Frau Pat, die wie eine ganze Hilfstruppe für mich sorgte, mich ermutigte und während der zwölf Wochen an diesem Projekt in der Spur hielt.

Wenn heutzutage ein Buch zur Geschichte der Astronomie veröffentlicht wird, geschieht dies kaum je ohne einen Dank an Owen Gingerich vom Harvard-Smithsonian Center. Dieses Buch bildet keine Ausnahme. Insbesondere möchte ich ihm für unsere Gespräche über Stonehenge und seine Bereitschaft danken, ausgiebig von seinem Artikel über Sonnenfinsternis-Bahnen im 18. Jahrhundert Gebrauch zu machen. Die Veröffentlichungen der NASA – vor allem diejenigen Fred Espinaks und Jay Andersons – waren mir eine große Hilfe. Auch Bryan Brewers Informationen über die Geschichte der Saros-Serie 136 waren für meine Arbeit äußerst wichtig.

Steve Bell vom Royal Greenwich Observatory unterstützte mich mit hilfreichen Gesprächen über die Sonnenfinsternis von 1999 und versorgte mich mit einigen Karten der Schattenbahn. F. R. Stephenson von der Durham University ließ mich großzügig von seinen Forschungen über Sonnenfinsternisse in der Antike profitieren. Spencer Weart, Simon Schaffer und J. V. Field halfen mir bereitwillig auf ihren Spezialgebieten.

Mein Interesse an Sonnenfinsternissen verdanke ich Michael Haggiag. Unter seiner Schirmherrschaft reiste ich 1991 im Zusammenhang mit unserer Fernsehserie über große naturwissenschaftliche Entdeckungen nach Baja. Irgendwann einmal werden wir dieses Projekt miteinander zu Ende bringen.

BILDNACHWEIS

Zeichnungen und Fotos, soweit nicht anders angegeben:
Mark McEvoy.

Akademisch Historisch Museum, Leiden: 194
British Museum, London: 55
F. Espenak/J. Anderson, *Total Solar Eclipse of 1999 August 11*, NASA Reference Publication 1398, März 1997: 198, 202
F. Espenak, NASA: 210, 214, 215, 218, 237
A. D. Fiala et al., *Solar Eclipses 1991–2000*, US Naval Observatory Circular Nr. 170, Washington D. C. 1986: 133
Hulton Getty, London: 18, 116, 155
Owen Gingerich, *The Great Copernicus Case and Other Adventures in Astronomical History*, Cambridge, MA, 1992: 121
Phillip S. Harrington: 29
Illustrated London News 1871: 165
Royal Greenwich Observatory, London: 201
F. R. Stephenson, *Historical Eclipses and Earth's Rotation*, Cambridge 1997: 69

NAMENREGISTER